KB123259

# 뉴럴 링크

21세기를 이끄는 거대한 연결, 뇌-컴퓨터 인터페이스

# NEURAL

## 뉴럴 링크

# LINK

임창환 지음

동아시아

# 추천의 글

"생성형 AI보다 조금은 조용히, 하지만 어쩌면 더 거대한 혁명이 이 순간 벌어지고 있다. 바로 BCI가 막연한 꿈이 아닌 미래 의료, 경제, 그리고 '인간이란 무엇인가'라는 본질적 질문에까지 영향을 줄 수 있는 현실이 되어가고 있다는 점이다. 대한민국 대표 뇌공학자 임창환 교수의 『뉴럴 링크』는 BCI의 과거와 현재, 그리고 미래를 정확하면서도 이해하기 쉽게 설명해 주고, 특히 머스크와 저커버그 같은 빅테크 리더들이 최근 왜 BCI 연구에 뛰어들고 있는지를 잘 보여준다. 기계가 점점 인간스러워지는 미래 인공지능 시대에 인간은 도리어 점점 기계와 연결되고 '기계스러워'지는 역설적이면서도 흥미롭고, 걱정되면서도 기대되는 '신나는 BCI 신세계'를 이 책을 통해 미리 경험해 볼 수 있었다."

**– 김대식, KAIST 전기및전자공학부 교수, 『챗GPT에게 묻는 인류의 미래』 저자**

# 프롤로그

## : 일론 머스크는 왜 뇌공학 기업을 설립했을까

'천재 소년', '괴짜들의 왕', '우주 억만장자', '아이언맨'. 전 세계에서 가장 영향력 있는 기업가이자 괴짜 사업가로도 유명한 일론 머스크<sup>Elon Musk</sup>의 별명들 가운데 극히 일부다. 일론 머스크가 누구인가? 불모지나 다름없던 전기자동차 시장을 개척해서 테슬라<sup>Tesla</sup>를 세계 최고의 혁신 기업으로 키워내고, 민간 우주개발 회사 스페이스엑스<sup>SpaceX</sup>를 설립해 모두가 불가능하다고 생각한 우주 발사체 재활용 기술을 상용화하고, 현재는 화성에 유인우주선을 보내기 위한 개발에 착수한 인물이다. 그뿐만이 아니다. 그는 2016년에 보링컴퍼니<sup>The Boring Company</sup>를 설립하면서, 로스앤젤레스 지하에 땅굴을 파고 지하 도로를 만들어 심각한 교통난을 해결하겠다고 밝혔다. 그런가 하면 미국 로스앤젤레스와 샌프란시스코 사이에 '하이퍼루프<sup>hyperloop</sup>'라는 진공 튜브 형태의 고속철도 시스템을 건설함으로써, 자동차로 6시간 넘게 걸리는 거리를 30분 만에 주파할 수 있게 하겠다는 야심 찬 계획도 추진 중이다.

불가능을 현실로 만드는 데 있어서 둘째가라면 서러운 그가 2017년에는 또 다른 새로운 도전에 나섰다. 2017년 3월, 머스크는 언론을 통해 뉴럴링크<sup>Neuralink</sup>라는 뇌공학 스타트업을 설립했다고 밝히며 다음과 같이 말했다.

"인류는 인공지능의 도전에 직면하고 있습니다. 인간이 인공지능과 맞서 싸울 수 있는 유일한 방법은 인간의 뇌 위에 인공지능 층<sup>layer</sup>을 만들고 자연적인 두뇌와 인공두뇌를 연결하는 것뿐입니다."

그는 구체적인 실행 방안까지 제시했다. 뉴럴 레이스<sup>Neural Lace</sup>라는 액체 그물망 형태의 전극('뉴럴 레이스'의 '레이스'는 옷깃에 붙이는 그 레이스를 뜻한다)을 머릿속에 삽입해 뇌 활동을 매우 정밀하게 읽어 들이고, 궁극적으로는 지식과 정보를 뇌에 주입하는 장치를 만들겠다는 계획이었다. 머스크가 아닌 다른 사람이 이런 말을 했다면 아마도 허황된 소리라며 비웃음을 샀을지 모르겠다. 하지만 수많은 불가능을 현실로 바꾼 일론 머스크의 도전은 대중들로 하여금 가까운 미래에 영화 〈매트릭스<sup>The Matrix</sup>〉가 실현될지도 모른다는 생각을 갖게 하기에 충분했다.

물론 머스크의 원대한 계획에 대해 긍정적인 반응만 있었던 것은 아니다. 예컨대, 기술 트렌드를 이끄는 잡지들 중 하나인 《MIT 테크놀로지 리뷰MIT Technology Review》는 2017년 4월 22일자 기사에서 의생명 분야 편집장인 안토니오 리갈라도Antonio Regalado의 입을 빌려 머스크의 계획에 신랄한 비판을 가했다. 리갈라도의 기사 타이틀은 다음과 같다. "일론 머스크가 뉴럴링크를 통해 인간들 사이의 텔레파시를 구현하겠다고 약속했습니다. 절대로 믿지 마세요." 기사의 부제는 더욱 원색적이었다. "몇 년 안에 텔레파시가 가능할 것이라는 억만장자의 말은 왜 틀렸을까요?"

리갈라도는 뇌-컴퓨터 인터페이스brain-computer interface, BCI 분야의 대가들을 인터뷰하고 이를 인용했다. "현재 이 분야 기술 수준을 고려할 때 생각을 읽어내는 기술은 수십 년 이내에도 완성하기 어려우며, 대중들이 기술에 대해 막연한 환상을 가지게 할 뿐이다." 당시 내 의견도 크게 다르지 않았다. 일론 머스크 정도로 엄청난 사회적 파급력을 가진 인물이라면 뇌와 인공지능의 연결이나 텔레파시 같은, SF 영화를 떠올리게 할 법한 발언은 가급적 피하는 것이 옳다고 생각했다.

하지만 일론 머스크는 어떤 비판에도 아랑곳하지 않았다. 2017년 머스크의 발표 직후, 뉴럴링크의 홈페이지에는 다양한 분야의 연구자를 모집한다는 채용 공고가 올라왔다. 전기공학, 재료공학, 디지털공학, 광학, 소프트웨어공학 같은 기술 분야뿐만 아니라, 수의학, 신경과학, 생화학, 외과 수술에 이르는 온갖 분야의 전문가를 파격적인 조건으로 모집한다는 공고였다. 하지만 뉴럴링크의 홈페이지는 그 후 2년간 회사 주소나 연락처조차 적혀 있지 않은, 거의 버려진 사이트나 다름없는 상태로 남아 있었다. 언론에서도 뉴럴링크가 어떤 연구를 하고 있는지 아무런 발표도 없었다. 그렇게 뉴럴링크는 사람들의 뇌리에서 잊히는 듯했다.

그러던 어느 날, 뉴럴링크 홈페이지에 작은 변화가 감지되었다. 2019년 7월 16일, 태평양 표준시PST 오후 8시(한국 시간으로는 다음 날 오후 1시)에 뉴럴링크가 지난 2년간 연구한 결과를 소개하는 발표회를 개최한다는 공지가 홈페이지 메인에 올라온 것이다. 그리고 공지 아래에는 유튜브 라이브 방송 링크가 달려 있었다. 뉴럴링크의 소식에 목말라하던 대중에게는 가뭄의 단비와도 같은 희소식이었다. 대대적인 언론의 홍보가 없었음에도, 라이브 스트리밍 방송에는 20만 명이 넘는 시청자가 동시 접속해 일론 머스크의 새로운 도전을 숨죽이고 지켜보았다.

머스크의 20분짜리 기조 강연을 포함해 무려 100분 동안 진행된 이날 행사의 백미는 초고해상도의 신경신호 측정 시스템을 소개하는 부분이었다. 뉴럴링크의 아이디어를 한마디로 요약하자면 '실과 바느질 기계'라고 할 수 있다. 뉴럴링크를 처음 설립할 때 발표한 뉴럴 레이스와 비슷한 듯 다른 개념이다. 뉴럴 레이스는 두개골에 작은 구멍을 뚫고 액체 그물망 형태의 전극을 주사기로 집어넣은 뒤, 대뇌피질을 덮은 전극 망으로부터 고해상도의 신경신호를 읽어내는 방식이다. 그런데 주사기로 전극 망을 집어넣는다고 이것이 저절로 펼쳐진 뒤에 대뇌피질에 부착될 리는 없기 때문에, 구체적인 실행 방식에 대해서는 많은 연구자들이 의문을 가질 수밖에 없었다. 어떤 신경과학자는 학회 발표에서 "레이스 끝에 마이크로 로봇이라도 장착해서 그물을 잡아당기려는 건가?" 하며 뉴럴링크의 아이디어를 비웃기도 했다.

뉴럴링크가 새롭게 선보인 '신경 실'은 머리카락 굵기의 20분의 1에 불과한, 4~6마이크로미터 굵기의 가느다란 실에 32개의 전극을 코팅한 뒤 이 실을 뇌 표면에 바느질하듯이 박아 넣겠다는 개념이다. 가로와 세로가 각각 5밀리미터 정도인 신호 측정 유닛 하나에는 총 96개의 실이 장착되는데, 이는 새끼손가락 손톱 크기의 5분의 1에 불과한 센서로 무려 3,072개의 전극에서 측정되는 신경신호를 동시에 읽어 들일 수 있음을 의미한다. 문제는 이 '신경 실'을 뇌의 표면을 따라 어떻게 '박음질'할 것인지였다. 뉴럴링크는 이를 위해 초정밀 '바느질 로봇'을 개발했다. 이 로봇은 뇌혈관을 피해 출혈을 최소화하면서도 자동으로 분당 6개의 실, 그러니까 총 192개의 전극을 뇌 표면에 박음질하도록 설계되어 있다.

머스크는 자신이 단독 저자로 작성한 연구 논문에서 쥐의 대뇌피질 표면을 따라 '박음질'이 된 실 전극의 사진을 공개하기도 했는데, 이 전극들은 신호 증폭 기능이 있는 시스템 칩을 거쳐 USB-C 포트를 통해 외부 컴퓨터와 연결되었다. 하지만 뉴럴링크는 궁극적으로 이와 같은 유선 방식으로는 실제 활용에 한계가 있을 것으로 예상하고, 생체 내에 완전 삽입이 가능한 무선 마이크로 칩을 개발하고 있다고 밝혔다. 2020년에는 실제로 '링크 v0.9'라는 이름의 삽입형 인터페이스 시스템을 발표했다. 측정된 신경신호를 무선으로 스마트폰과 같은 외부 장치로 보내는 이 시스템에는 심지어 무선 충전 기능까지 있었다!

하지만 뉴럴링크의 신경 실도 결국 뇌의 표면에 부착되기 위해서는 두개골이라는 층을 뚫고 아래로 내려가야만 한다. 즉, 외과적인 수술이 필요하다는 뜻이다. 머스크는 뇌 수술을 위해 기존처럼 드릴로 두개골에 구멍을 내는 방법을 사용하는 대신 레이저로 미세한 천공을 뚫는 방법을 사용하려 한다고 밝혔다. 그는 심지어 이 수술 과정을 라식 수술에 비유하기도 했다. 전신마취도 필요 없는, 하루 만에 퇴원할 수 있는 간단한 시술 말이다. 실제로 뉴럴링크는 2023년에 인간 뇌에 링크Link 시스템을 이식하는 수술에 대해 미국 식품의약품안전처FDA의 임상시험 승인을 획득했다.

물론 이 기술을 인간에게 적용할 수 있다고 해서, 일론 머스크가 추구하는 '지식 업로드'나 '텔레파시'를 곧바로 구현할 수 있다는 것은 아니다. 아직까지 우리는 신경세포가 만들어 내는 암호를 이해하지 못하고 있기 때문이다. 한편 뉴럴링크의 발표회에서 가장 많이 등장한 단어는 추측 내지 짐작을 뜻하는 'speculation'이었는데, 우리는 지금 이 기술의 끝이 어디일지조차 짐작할 수 없다. 하지만 분명한 사실은, 뉴럴링크의 연구를 통해 보다 정밀한 뇌 활동을 관찰하는 것이 가능해지면 우리가 '뇌의 언어'를 이해하는 데도 더 가까이 다가갈 수 있으리라는 점이다.

2019년, 일론 머스크는 20분간의 기조연설을 끝내며 마지막 슬라이드로 70여 명의 뉴럴링크 연구원들과 찍은 단체 사진을 보여주었다. 그는 뉴럴링크에는 여전히 많은 손이 필요하며 당일 발표 행사의 목적도 투자 자금을 유치하려는 것이 아니라 자신의 회사를 홍보함으로써 더 우수한 직원을 고용하기 위함이라고 밝혔다. 전 세계의 어느 민간/국립 연구소도 뇌-컴퓨터 인터페이스라는 하나의 목표를 위해 이토록 다양한 분야의 연구진을 구성할 수는 없을 것이다. 이 모든 것은 일론 머스크의 원대한 비전과 막대한 자금력이 있었기에 가능했다. 어쩌면 머스크의 말처럼 "먼 미래에 인공지능과 맞서 싸워야 할지도 모르는" 우리 인류의 운명이 캘리포니아주 샌프란시스코에 있는 뉴럴링크라는 스타트업 기업에 달려 있을지도 모른다.

국내에서 최초로 뇌-컴퓨터 인터페이스라는 분야를 연구하기 시작한 2007년 이후 15년이 넘는 시간을 지켜보았지만, 지금처럼 이 분야에 대한 대중의 관심이 큰 적은 없었다. 그리고 그 중심에는 역시 일론 머스크가 있음을 부인할 수 없다. 한편 많은 이들이 머스크의 무모해 보이는 도전과 일견 위험해 보이는 발언들에 비판의 목소리도 내고 있다. 하지만 대중의 우려와는 달리, 뉴럴링크가 개발 중인 기술이 당장 일반인에게 적용될 가능성은 거의 없다고 보아도 무방하다(미국 FDA는 가장 보수적인 기관들 중 하나다). 텔레파시나 인지 증강에 관한 머스크의 발언에도 불구하고, 결국 뉴럴링크가 개발한 기술은 장애로 인해 손과 발의 움직임을 잃은 이들에게 새로운 손과 발을, 의사소통 능력을 잃어버린 이들에게 새로운 의사소통 수단을 제공하기 위해 우선적으로 쓰일 것이다. 뉴럴링크는 2023년 미국 FDA의 임상 허가를 받으면서 세 부류의 환자군을 모집하겠다고 밝혔다. 앞을 보지 못하는 시각장애인, 소리를 듣지 못하는 청각장애인, 팔다리를 자유롭게 움직이지 못하는 사지 마비 장애인이 바로 그들이다. 언젠가는 뉴럴링크의 기술을 통해 수많은 '헬렌 켈러'들이 잃어버린 빛과 소리를 되찾게 될 것이다. 이처럼 뇌-컴퓨터 인터페이스 기술은 뇌 질환과 장애로 고통받는 많은 이들에게 희망의 불씨가 되고 있다.

하지만 뇌-컴퓨터 인터페이스 기술의 눈부신 발전에 우려의 목소리를 내는 이들도 있다. 뉴럴링크의 모든 기술이 일반인에게 적용되는 것을 FDA가 손쉽게 허용하지 않더라도, 지구상에는 세계 질서의 흐름에 역행하는 국가들도 있다. 일부 국가에서는 뉴럴링크의 기술, 혹은 뉴럴링크를 모방한 기술을 군사 목적으로 도입할 가능성이 상존한다. 예를 들어, 뉴럴링크의 인공시각 기술이 육군 보병에게 적용된다면 어떤 일이 일어날까? 전면에 위치한 안경에 망원렌즈가 달려 있다면 멀리 있는 사물도 쉽게 확대해서 볼 수 있다. 적외선 카메라나 열화상 카메라라도 장착한다면 어둠 속에서도 적들을 볼 수 있을 것이다. 그런가 하면 특수 안경을 착용하지 않고도 보고 있는 장면에 다른 영상을 겹쳐 보이게 할 수도 있다. 무거운 증강현실 안경을 착용할 필요도 없이 증강현실을 손쉽게 구현할 수 있는 것이다. 한발 더 나아가, 뇌에서 공포 기억을 담당하는 영역인 편도체에 전극을 삽입하고 병사가 전장에 투입되기 직전 본부에서 전기 자극 스위치를 누르기라도 한다면? 편도체를 일시 마비시켜 두려움이 없는 병사를 만들어 내는 것이 가능해진다. 참고로 1950년대에 생쥐들을 대상으로 행해진 실험에서 편도체에 전기 자극을 받은 생쥐들은 고양이를 보고도 아무런 감정을 느끼지 못했고, 심지어 고양이를 물어뜯기까지 했다. 이처럼 뇌-컴퓨터 인터페이스 기술의 발전은 밝은 전망만큼이나 어둡고 우울한 미래도 함께 떠올리게 한다.

우리 호모사피엔스 종이 네안데르탈인과 공존하던 20만 년 전, 호모사피엔스 종의 평균수명은 20세에 불과했다. 20세기 초, 우리 인류의 평균수명은 44세로 증가했다. 20만 년이라는 오랜 시간 동안 고작 24년 증가한 것이다. 하지만 이런 더딘 진화 과정이 20세기에 들어서면서 급격하게 빨라졌다. 현재 대부분의 선진국에서는 평균수명이 80세에 육박하며, 수십 년 안에 인간의 평균수명이 100세에 도달할 것으로 예상된다. 1993년 노벨 경제학상을 수상한 하버드대학교 앨프리드 콘래드<sup>Alfred Conrad</sup> 교수에 따르면, 1850년에는 170센티미터, 66킬로그램에 불과했던 미국 남성의 평균 신장과 몸무게가 1980년에 이르러서는 178센티미터, 79킬로그램으로 크게 증가했다. 이와 같은 인간의 빠른 진화는 인류의 기술 발전과 무관하지 않다. 각종 질병을 진단하고 치료하는 의료 기기와 의약품의 발전뿐만 아니라 공해 물질 저감 기술, 상수원 정화 기술, 저온살균 기술 등 각종 환경공학 기술이 있었기에 인류의 급격한 진화가 가능했던 것이다.

이제 우리 인류는 타고난 신체를 기계로 대체하고 초인류로 거듭나기 위해 노력하고 있다. 일종의 인위적인 진화를 시도하고 있는 셈이다. 노화 억제 기술, 유전자 조작, 마인드 업로드에 이르기까지, 인류는 어쩌면 결코 열어서는 안 될 판도라의 상자를 열고 있는지도 모른다. 뉴럴링크의 도전은 과연 이러한 비판으로부터 자유로울 수 있을까?

대부분의 뇌공학자들은 뇌-컴퓨터 인터페이스 기술을 '인류의 미래를 바꿀 혁신'이라고 말하는 데 일말의 주저함도 없다. 가깝게는 고령화 시대의 가장 큰 숙제인 치매를 비롯한 각종 뇌질환을 치료하기 위한 수단으로서, 멀게는 인류의 본능인 인위적인 진화를 달성하기 위한 수단으로서 뇌-컴퓨터 인터페이스 기술이 지닌 엄청난 잠재력을 알기 때문이다.

인류 역사에서 스마트폰이나 인공지능의 등장만큼이나 엄청

난 파급력을 끼칠 뇌-컴퓨터 인터페이스의 세계로 여러분을 초
대한다.

# CONTENTS

프롤로그: 일론 머스크는 왜 뇌공학 기업을 설립했을까          5

## 1부
## 뇌, 세상과 통하다

1장     육체에 갇힌 영혼과 소통하기          21

2장     뇌를 컴퓨터에 업로드한다면          43

3장     꿈을 저장하는 기계          53

4장     뇌와 컴퓨터의 역사적인 만남          64

## 2부
## 뇌로 움직이는 세상

5장     생각으로 날아다니는 로봇들          83

6장     마음을 읽고 옮기는 기계          95

7장     잃어버린 몸을 찾아서          105

8장     무엇이 '진짜' 팔과 다리일까          122

# 3부
# 나보다 나를 더 잘 아는 기계

**9장**   우리 뇌의 주인은 누구일까                        135

**10장**  인간적인, 너무나 인간적인                        149

**11장**  마음을 해부하는 알고리즘                         165

**12장**  당신의 뇌를 바꾸시겠습니까                       181

# 4부
# 비욘드 뇌-컴퓨터 인터페이스

**13장**  실험실에서 배양되는 인간의 뇌                    195

**14장**  연결되는 뇌들, 뇌-뇌 인터페이스                  212

**15장**  기억을 지우고 지능을 높이는, 전자두뇌             223

**16장**  BCI, 네 가지 미래 예측 시나리오                 239

에필로그                                                 263

참고 문헌                                                268

# 1부

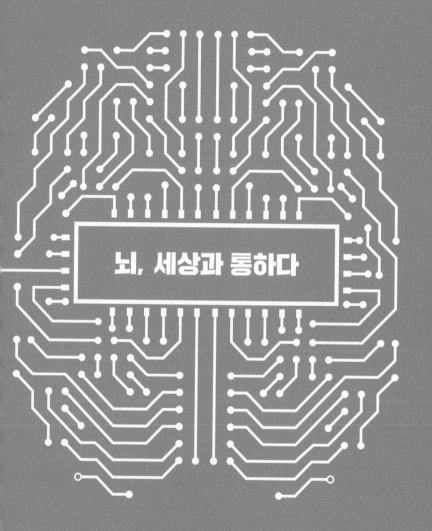

뇌, 세상과 통하다

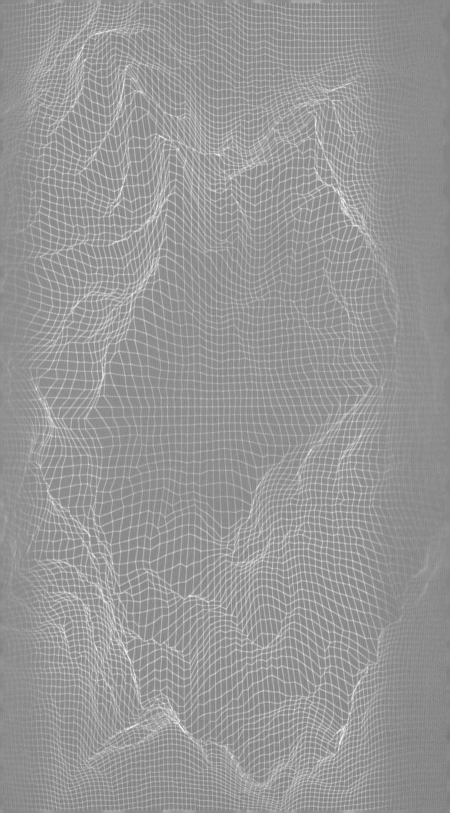

# 1

# 육체에 갇힌 영혼과 소통하기

## 어느 오후, 한 통의 전화

2015년 12월 18일, 대학생은 힘들었던 한 학기가 끝나 달콤한 여유를 만끽하고, 젊은 연인들은 곧 다가올 크리스마스에 설레고, 직장인은 1년을 정리하느라 눈코 뜰 새 없이 바쁜 시간을 보내는 때다. 대학교수에게는 기말고사를 채점하고 학점을 입력하느라 정신없는 시기다. 그날도 나는 홀로 사무실에 앉아 산더미처럼 쌓인 시험 답안지와 프로젝트 리포트를 한 장 한 장 넘겨가며 점수를 매기느라 여념이 없었다.

해가 뉘엿뉘엿 넘어가기 시작하는 오후 5시 무렵, 갑자기 유선 전화기의 벨이 요란하게 울렸다. '아, 채점 빨리 끝내고 저녁

회의에 가야 하는데, 대체 누구지?' 나는 수화기를 집어 들었지만 마음이 급했다.

"여보세요?"

수화기 너머로 낯선 젊은 여성의 목소리가 들렸다. 약간 쑥스러워하는 듯하기도 하고 머뭇거리는 것 같기도 했다.

"거기가 임창환 교수님 연구실 맞나요?"

"네, 맞습니다. 어디시지요?"

"인터넷 홈페이지 보고 전화드렸습니다."

순간 머릿속으로 '아, 지금 바쁜데' 하는 생각이 스치고 지나갔다. 뇌공학 연구실을 운영하다 보면 다양한 이유로 걸려 온 전화를 많이 받게 되는데, 뇌에 대해 질문하는 학생이나 자신의 아이디어에 대해 조언을 구하는 작가 지망생의 전화는 반갑지만, 간혹 텔레파시 같은 비과학적인 주제에 대한 질문이나 누군가가 전파를 쏘아 자신의 뇌를 조종하려고 하는데 어떻게 대처하면 좋을지 묻는 것처럼 답변이 곤란한 질문이라도 받으면 수화기를 들어 올린 것 자체를 후회하게 된다. 나는 자칫 회의에 늦을 수 있겠다는 생각에 가급적이면 정중하게 전화를 끊어야겠다고 마음을 먹었다.

그때 여성분이 가볍게 떨리는 목소리로 말을 이었다. "영국에서 전화드리는 거예요."

장난스러운 상황은 아닌 듯했다. "네, 말씀하세요."

"뇌-컴퓨터 인터페이스를 연구하신다고 들었어요. 한국에 계신 저희 어머니와 단 한 번만이라도 대화를 나누고 싶어요. 이제 살아 계실 날이 얼마 남지 않으신 것 같아요. 가능할까요?" 가볍게 떨리던 목소리는 어느덧 흐느낌으로 변해 있었다.

　그녀는 곧 자세한 이야기를 들려주었다. 그녀의 어머니는 2년 전 루게릭병에 걸렸고, 1년 전만 하더라도 눈꺼풀을 미세하게 움직일 수 있어서 간단한 의사소통은 가능한 상태였다고 했다. 그러던 그녀의 어머니가 마지막으로 남은 눈꺼풀의 움직임마저 잃어버리게 된 것은 약 10개월 전이었다고 했다. 매일같이 곁에서 어머니를 돌보던 그녀조차 3개월 전 결혼을 하고 영국으로 유학을 가게 되었다. 지금 어머니 곁에는 아버지만 홀로 남아 있는 상황이고, 어머니의 병세가 날이 갈수록 나빠지고 있는데 돌아가시기 전에 단 한 번이라도 어머니와 대화를 나누는 것이 모든 가족의 소원이라는 것이었다. 나는 일단 몇 가지 확인해 보기로 했다.

　"어머님께서 의식이 있는지 어떻게 확신하시나요?"

　"사실 병원에서는 자율 반응일 거라고 말하는데, 어머니가 가끔씩 눈물을 흘리세요. 저희는 어머니가 저희 대화를 듣고 눈물을 흘리시는 거라고 확신해요."

　쉽지 않겠다는 생각이 뇌리를 스치고 지나갔다. 일단 환자가 정말 의식이 있는 상태인지 확신이 들지 않았다. 의료진의 의견으로 볼 때, 환자는 지속식물상태일 가능성이 높아 보였다. 만약 환자의 의식이 깨어 있다면 '완전감금증후군completely locked-in syndrome'이라고 불리는 상태일 텐데, 지금껏 뇌파brain wave를 이용한 뇌-컴퓨터 인터페이스 기술을 통해 완전감금증후군 상태의 환자와 의사소통에 성공한 사례는 단 한 건도 발표된 적이 없었다. 더구나 뇌-컴퓨터 인터페이스의 선구자인 닐스 비르바우머Niels Birbaumer 교수의 연구팀을 포함한 이탈리아와 독일의 연구팀이 2013년, 2015년에 발표한 두 편의 논문에서는 뇌파를 이용해 완전감금증후군 환자와 의사소통을 시도했지만 실패했다는 내용이 담겨 있었다. 짧은 시간 많은 생각이 들었다. 하지만 이내 솔직하게 말하는 것이 좋겠다고 생각했다.

"이런 말씀을 드리게 되어 죄송하지만, 쉽지는 않을 것 같네요." 나는 최대한 이해하기 쉽게 풀어 설명했다.

"네, 알겠습니다. 그런데 정말 딱 한 번만 시도해 보시면 안 될까요?"

그녀의 목소리에는 간절함이 묻어 있었다. 그녀의 애원을 매몰차게 뿌리치지 못하고 며칠 생각해 보고 다시 연락하겠다며 전화를 끊었다. 하던 일이 좀처럼 손에 잡히지 않았다. 쉽지 않은 결정을 해야만 했다.

늘 하던 실험이 아니라 새로운 종류의 실험을 진행하는 것은 그리 간단한 일이 아니다. 실험의 전체적인 과정을 결정해야 하고, 실험 진행과 분석을 위한 컴퓨터 코드를 새로 작성해야 한다. 또한 인체를 대상으로 하는 실험을 위해서는 기관생명윤리위원회의 허가를 받아야 한다. 이 같은 과정이 마무리되면 실험

과정에서 혹시라도 생길 문제점을 미리 확인하기 위해 여러 번의 예비 실험을 거쳐야 한다. '하이 리스크, 하이 리턴high risk, high return'이라는 말도 있기는 하지만, 성공 가능성이 희박한 일에 시간과 자원을 선뜻 투자하기란 말처럼 쉽지는 않다. 더구나 이탈리아와 독일의 연구팀이 비슷한 상태에 놓인 환자를 대상으로 실험에서 성공을 거두지 못했기에 더욱 망설여질 수밖에 없는 상황이었다.

그다음 주 월요일, 이 연구를 함께 진행할 대학원생 연구원과 오전부터 회의를 가졌다. 학생도 망설이는 기색이 역력했다. 가능성이 너무 낮다는 것을 알기에, 나 역시 강력하게 밀어붙일 수는 없었다. 포기하는 것이 좋겠다는 쪽으로 결론을 내리려고 하자, 갑자기 십수 년 전 박사과정 시절의 일이 떠올랐다.

2003년, 당시 박사과정 학생이었던 나는 소아 뇌전증(그때는 '간질'이라고 불렸다) 환자의 뇌파 데이터를 분석하는 프로젝트를 맡아 진행하고 있었다. 소아 뇌전증 환자는 대부분 전신성 뇌전증generalized epilepsy 양상을 보이는데, 이는 뇌파에서 명확한 발작 시작 부위가 관찰되는 부분 뇌전증partial epilepsy과 달리 뇌파의 패턴이 매우 복잡해서 분석하기 아주 어려운 문제였다. 몇 달 동안 실패를 거듭하던 나는 좌절하기 일보 직전이었다. 당시 나의 최대 관심사는 (많은 대학원생이 그러하듯이) 좋은 연구 결과를 내고 저명한 학술지에 논문을 많이 게재하는 것이었다. 몇 달째 풀리지 않는 난제에 매달려 있기보다는, 상대적으로 쉬운 주제로 바꾸어 논문 실적을 올리는 것이 더 현명한 선택처럼 보였다.

페이스북Facebook이나 인스타그램이 없던 그 시절에, 나는 연구 활동을 홍보하고 다른 연구자들과 교류하려는 목적으로 개인 홈페이지를 직접 만들어 운영했다. 홈페이지 한편에는 당시 국내 포털사이트에서 무료로 제공하던 공개 게시판의 링크도 달아둔 참이었다. 게시판은 모든 방문자에게 열려 있었지만, 내 연구 분야는 당시 대중적으로 많은 관심을 받지 못했기에 가까운 친구들의 글 말고는 게시물이 거의 없었다. 연구 주제를 변경할지 심각하게 고민하고 있던 무렵, 홈페이지 게시판에 '힘내세요'라는 제목의 게시물이 하나 올라왔다.

제목: 힘내세요.

2003년 8월 19일, 16:08, 게시자: ***a826

안녕하세요. 저는 소아 간질을 가진 아이의 엄마입니다. 웹페이지를 검색하다가 우연히 선생님의 홈페이지를 발견하게 되었습니다.

우리나라에도 이렇게 소아 간질에 관심을 갖고 연구하시는 분이 계시다는 사실을 알고 너무나 기뻤습니다. 어려운 병이라는 것을 저희도 잘 알고 있지만 저희 같은 소아 간질 환우 가족에게는 선생님 같은 분이 한 줄기 희망의 빛입니다.

앞으로도 힘내시고 열심히 연구하셔서 저희 아이처럼 소아 간질로 고통받는 아이들에게 희망이 되어주세요.

글을 읽는 순간, 처음 뇌공학 연구를 시작할 때의 마음가짐을 다시 한번 떠올리지 않을 수 없었다. 뇌공학은 인간의 뇌에 생기는 병을 진단하고 예방하며 치료하는 공학 기술을 개발하는 학문으로, 나는 연구를 시작하며 질병으로 고통받는 이들에게 진정으로 도움이 되는 기술을 개발하기 위해 최선을 다하겠노라고 다짐했었다. 그때의 다짐이 점차 희미해질 무렵, 한 아이의 엄마가 쓴 응원의 글 하나가 마음속 깊은 곳에 숨어 있었던 사명감에 다시 불을 지핀 것이다. 그 덕분에 나는 다시 열심히 연구에 몰두했고, 이후 소아 뇌전증의 진단 정확도를 높일 수 있는 기술을 개발하는 데 성공했다.

여성 환자를 대상으로 하는 의사소통 실험을 진행할 것인지 결정을 내리려던 그 순간에 12년 전 일이 갑작스레 떠오른 것은, 초심을 잃고 성공 가능성이 높은 연구만을 추구하려는 나에게 나의 잠재의식이 보내는 일종의 경고 메시지는 아니었을까? 나는 설령 실패하더라도 한번 도전해 보기로 마음먹었다. 연구원을 설득해 일단 환자에게 의식이 있는지, 그리고 보통 사람들처럼 여러 가지 다른 생각을 할 수 있는 상태인지만 확인해 보기로 했다.

일반적으로, 아무리 잘 설계된 뇌-컴퓨터 인터페이스 기술이라도 모든 사람이 쓸 수 있는 것은 아니다. 가장 대표적인 뇌-컴퓨터 인터페이스 방식 중 하나인 P300 BCI만 하더라도, 보통 사람의 약 70퍼센트에서만 원하는 뇌파 패턴을 관찰할 수 있다.

**그림 1. 박사과정 때 운영한 개인 홈페이지.**

환자들의 경우에는 대부분 인지능력이 떨어져 있기에 성공률이 더 떨어질 수밖에 없다. 완전감금증후군 환자와 의사소통하는 데 실패한 이탈리아와 독일 연구팀의 앞선 연구에서도, 운 나쁘게 두 환자 모두 뇌-컴퓨터 인터페이스에 적합하지 않은 사람이었을 수 있다. 동전을 두 번 던져 연속으로 뒷면이 나오는 것은 생각보다 흔하게 일어나는 일이니까 말이다. 그럼에도 가능성이 있다면, 우리는 지금까지 발표된 가장 첨단의 뇌-컴퓨터 인터페이스 기술을 환자에게 적용해 보기로 결정했다.


## 영혼의 문을 두드리기


2016년 1월 28일 오전 9시, 나는 대학원생 둘과 연구실에서 만났다. 우리는 디지털 뇌파 측정 장치와 몇 대의 노트북컴퓨터로 구성된 실험 장비를 큰 박스들에 나누어 담고, 환자가 입원 중인 요양병원을 향해 출발했다. 경기도 부천시 외곽에 자리 잡은 작은 요양병원으로 가는 좁은 길은 차량으로 정체가 심했다. 약속 시간인 10시를 조금 넘겼지만 보호자인 남편은 우리를 반갑게 맞아주었다. 환자는 60대 초반의 여성으로 겉으로는 젊고 건강해 보였지만, 안타깝게도 1년 가까이 가족을 비롯한 어느 누구와도 소통한 적이 없었다.

우선 환자가 의식이 있는지 확인하는 과정이 필요했다. 환자의 두피에 뇌파 전극 몇 개를 부착한 다음, 노이즈 캔슬링 기능이 있는 헤드셋을 씌웠다. 헤드셋은 귀 전체를 덮을 만큼 충분히 큰데, 이 헤드셋을 통해 '삑, 삑' 하는 주기적인 신호음이 외이도와 고막을 지나 청신경으로 전달된다. 삑 하는 소리는 2초에 한 번씩 총 100번 반복되며, 이때 환자의 두피에 부착된 전극을 통해 뇌파 신호가 측정된다. 환자가 소리를 들을 수 있는지 확인하는 과정이다. 소리가 대뇌에 있는 청각피질에 전달되면, N100이라는 뇌파 파형이 관찰되어야 한다. 측정을 마치자마자 대학원생 연구원이 침대 옆에 쪼그리고 앉아 노트북컴퓨터를 켜고 바로 데이터 분석에 들어간다. 이 연구원은 실수하지 않기 위해 며칠 전부터 실험실에서 예행연습을 한 터였다. 곧 연구원이 외쳤다.

"뇌파에서 N100이 보입니다."

환자가 소리를 들을 수 있다는 의미다. 남편에게 환자가 지금 우리가 하는 이야기를 들을 수 있는 것 같다고 전하자, 남편의 얼굴에는 옅은 미소가 번졌다. 이곳에 도착해 30분 만에 처음 보는 웃음이었다. 나는 다시 말을 이었다.

"아직은 아내분께서 소리를 들으실 수 있다는 것만 확인한 것입니다. 이제 인지능력이 정상이신지 확인해야 합니다."

이제 다음 단계로 넘어가야 했다. 쉽지 않은 고비였다. 이번에는 하나의 삑 소리가 아니라 서로 다른 음높이를 가진 두 가지 삑 소리를 번갈아 가며 들려주었다. 이때 높은 소리는 낮은 소리보다 띄엄띄엄 등장한다. '낮은 삑, 낮은 삑, 낮은 삑, 높은 삑, 낮은 삑'처럼 말이다. 환자가 해야 할 일은 소리를 집중해 들으면서 높은 삑 소리가 몇 번이나 등장하는지 마음속으로 세는 일이었다. 고도로 집중하지 않으면 정상인에게도 쉽지 않은 임무다. 이 임무를 잘 달성하면, P300이라는 독특한 뇌파 패턴이 관찰되어야 한다.

뇌-컴퓨터 인터페이스에서 자주 사용되는 P300은 300밀리초 시점에서 발생하는 양positive의 값을 갖는 독특한 뇌파 반응이다. 이 뇌파 파형은 계속해서 반복되는 유사한 자극들 사이에서 가끔씩 전혀 다른 자극이 주어지거나, 특정 자극이 나타나기를 기다리고 있을 때 실제로 그 자극이 나타나는 경우에 발생한다. 환자가 계속 반복되는 낮은 음의 삑 소리들 사이에서 가끔 등장하는 높은 음의 삑 소리를 기다릴 때는, P300이 발생하는 두 가지 조건들이 모두 만족되기 때문에 뚜렷한 P300이 나타나야 한다.

물론 P300은 피실험자의 인지 기능에 이상이 없어야만 관찰된다. P300은 인지 기능을 평가하기 위해 쓰일 수도 있는데, P300이 발생하는 시점이 늦어지거나 P300의 크기가 작으면 인지 기능이 떨어진 상태다.

잠시 후, P300 실험이 시작되었다. 이번에는 실험 시간이 더 길었다. 5분이 넘는 짧지 않은 시간 동안 과연 환자가 집중력을 유지할 수 있을지도 걱정이었다. 실험이 끝나자마자 대학원생 연구원이 다시 한번 데이터 분석에 들어갔다. 분석은 그리 오래 걸리지 않았다. 모두가 침대 옆에 앉아 있는 연구원의 입을 바라보았다.

"조금 애매하기는 하지만 P300이 보이는 것 같습니다."

그림을 더 확대해 달라고 부탁했다. 분명히 전형적인 파형은 아니었다. 300밀리초가 아닌 500밀리초쯤에 낮은 봉우리가 하나 관찰된다. 이 봉우리가 P300이라면 발생하는 시점이나 크기로 미루어 볼 때 인지 기능이 많이 떨어진 것임에 틀림없었다. 남편의 얼굴을 보니 결과에 대해 궁금해하는 기색이 역력했다. 무엇이라도 말해야 했기에, 내가 입을 열었다.

"아주 확실하지는 않지만, 아내분께서 인지 기능이 남아 있는 듯합니다."

남편은 안도의 한숨을 내쉬었다. "정말 감사합니다. 저는 이걸 확인한 것만으로도 만족합니다. 적어도 제가 들려주는 말을 듣고 이해한다는 얘기잖아요. 정말 감사합니다."

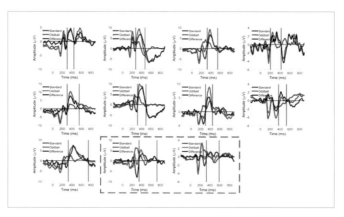

그림 2. 여러 명에게서 측정한 P300 파형. 각 그림에서 빨간색 그래프가 P300 반응을 나타낸다. 맨 마지막 두 그래프는 P300이 잘 관찰되지 않는 경우를 보여준다.

감사하다는 말을 다섯 번쯤 들었을까? 우리는 조금 더 욕심이 생겼다. 사실 실험이 여기까지 성공적으로 진행되었을 경우를 가정하고 더 준비한 것이 있었다. 환자가 머릿속으로 서로 다른 세 가지 생각을 하도록 유도한 뒤에 뇌파를 측정하는 것이었다. 세 가지 인지 과제는 각각 '왼팔 들어 올리는 상상 하기', '혀 움직이는 상상 하기', '세 자리 숫자에서 한 자리 숫자를 계속 빼기'였다. 신체의 움직임을 상상하는 것은 전문용어로 '운동 심상motor imagery'이라고 하는데, 실제로 팔다리를 움직이지 않고 상상만 해도 정수리 아래 부근에 있는 대뇌의 운동피질motor cortex이 활동한다. 팔과 혀를 움직이는 데 관여하는 운동피질 영역들은 비교적 멀리 떨어져 있기에, 서로 다른 뇌파 패턴을 만들어

낼 가능성이 있다. 한편 세 자리 숫자에서 한 자리 숫자를 계속해서 빼는 과제는 생각보다 쉽지 않다. 예를 들어, 875에서 시작해 머릿속으로 7을 계속 빼나간다고 생각해 보자. '875, 868, 861, 854, 847, ….' 틀리지 않고 잘할 수 있겠는가? 이처럼 수학 계산을 할 때는 보통 이마 아래 부위에 있는 전전두엽prefrontal lobe이 활동한다. 전전두엽은 운동피질과 상당히 멀리 떨어져 있기 때문에, 운동 심상 때와는 매우 다른 뇌파 패턴이 관찰될 수 있다.

물론 이 같은 가정이 성립하기 위해서는 환자가 암산이 가능할 정도로 충분한 인지능력을 갖고 있어야 한다. 실제로 루게릭병에 걸리면 운동 능력뿐만 아니라 인지능력도 떨어진다는 사실이 잘 알려져 있다. 그뿐만이 아니다. 뇌-컴퓨터 인터페이스를 구현하려면 똑같은 과제를 여러 차례 반복하면서 상당한 양의 뇌파 데이터를 측정해야 한다. 같은 인지 과제를 수행하더라도 뇌의 반응이 조금씩 달라지기 때문이다. 휴대폰에서 지문을 등록할 때, 위치를 조금씩 바꾸어 가며 여러 번 입력하는 상황을 생각하면 된다. 그런데 10초 길이의 과제를 20회 수행한다고 하면 한 과제당 200초가 걸리고, 과제의 종류가 3개라고 하면 총 600초, 그러니까 10분의 시간이 필요하다. 여기에 쉬는 시간까지 포함하면 어림잡아 최소 15분은 걸린다. 환자가 15분이라는 긴 시간 동안 지루하고 단순한 과제에 집중할 수 있을지는 또 다른 문제다.

우리가 할 수 있는 최선은 환자에게 실험에 열심히 참여해 달라고 부탁하는 것뿐이었다. "어머님, 이 실험이 잘되면 사랑하는 가족분들과 대화를 나누실 수 있을지도 모릅니다. 저희가 한번 최선을 다해보겠습니다."

연구원들이 며칠 동안 밤을 새가며 준비한 실험이 시작되었다. 헤드셋으로 수행할 과제가 환자에게 전달되었다. '왼팔 움직임 상상', '847에서 7씩 빼세요', '혀 움직임 상상', …. 환자가 과제를 잘 수행하고 있는지는 당장으로서는 확인할 방법이 없다. 앞선 P300 실험에서와는 달리, 이런 종류의 인지 과제에서는 뚜렷한 뇌파 패턴이 관찰되지 않기 때문이다.

어느덧 긴 실험이 끝나고 뇌파 데이터 수집도 마무리되었다. 이제 연구실로 돌아가 복잡한 데이터와 한바탕 씨름할 일만 남아 있었다. 다시 찾아와 가족분들과 꼭 대화를 나눌 수 있게 해드리겠다고 말씀드렸지만, 사실 스스로는 자신이 없었다.

## 드리우는 거대한 그림자

뇌파를 이용해서는 완전감금증후군 환자와 의사소통할 수 없을 것이라고 주장한 닐스 비르바우머 교수는 뇌파를 이용한 뇌-컴퓨터 인터페이스 분야에서 혁신을 주도한 '살아 있는 전설'과 같은 인물인데, 사실 우리 연구팀도 처음부터 비르바우머 교수의 주장에 맞서려는 의도는 없었다.

학계에서 권위란 양날의 검과 같다. 한 분야에서 대가로 인정받는 연구자는 그 분야의 다른 연구자들에게 연구의 큰 방향을 설정해 주는 길잡이 역할을 한다. 하지만 연구자들이 맹목적으로 대가의 연구를 신뢰하게 되면, 오히려 과학의 발전에 역행하는 결과가 초래되기도 한다. 권위 있는 대가의 연구라고 반드시 옳은 것은 아니기 때문이다.

이와 같은 사례는 다양한 분야에서 찾을 수 있겠지만, 뇌공학 분야에서는 경두개직류자극transcranial direct current stimulation, tDCS 이라는 기술의 사례가 가장 대표적이다. 경두개직류자극은 머리 표면에 부착한 한 쌍의 전극을 통해 약한 직류 전류를 흘림으로써 뇌의 활동을 변화시키고 우울증이나 뇌졸중과 같은 뇌질환을 치료하는 기술로, 19세기 초반에 이탈리아의 과학자인

그림 3. 조반니 알디니의 경두개직류자극을 이용한 우울증 치료 장면. (바켄뮤지엄The Bakken Museum, 1804년.)

조반니 알디니Giovanni Aldini가 우울증 치료를 목적으로 시도한 유서 깊은 기술이다.

그런데 이 기술은 1960년대부터 거의 반세기 동안 대중의 관심에서 멀어져 있었다. 그 원인은 다름이 아니라 1964년에 출간된 한 편의 논문 때문이었다. 영국 유니버시티칼리지 런던의 생리학과 교수이자 신경생리학 분야의 대가로 인정받던 조지프 레드펀Joseph Redfearn 교수가 경두개직류자극을 적용한 정신질환 환자들 몇몇이 호흡 곤란이나 심장 이상을 호소했다고 보고한 것이다. 레드펀 교수는 환자들의 반응이 숨뇌(연수)로 흘러 들어간 전류 때문이라고 확신했고, 자칫 잘못하면 환자의 생명에 위협을 줄 수도 있다고 경고했다. 권위 있는 대가의 경고는 많은 연구자들로 하여금 연구에 뛰어드는 것을 망설이게 만들었고, 이로 인해 이 분야의 연구는 크게 위축되었다.

결국 2000년대에 들어서야 독일 괴팅겐대학교의 마이클 니체Michael Nitsche 교수와 월터 파울루스Walter Paulus 교수가 레드펀 교수의 실험에 중대한 문제가 있었을 가능성을 언급하면서, 경두개직류자극이 숨뇌에 어떤 영향도 끼치지 않는다고 결론 내렸다. 레드펀 교수의 '봉인'이 풀리자마자 경두개직류자극을 이용한 연구 결과는 봇물 터지듯이 쏟아져 나왔다. 아쉬운 점은 레드펀 교수의 연구 발표가 조금만 더 신중했더라면, 연구자들이 대가의 연구 결과라고 무조건 맹목적으로 따르지 않았더라면 이 분야의 발전이 수십 년 앞당겨졌을지도 모른다는 것이다.

완전감금증후군 환자를 대상으로 뇌파를 이용한 뇌-컴퓨터 인터페이스를 적용하기로 결정하면서, 나는 다른 연구자들도 비르바우머 교수의 연구팀이 발표한 논문을 보고 나처럼 망설이지 않았을까 생각했다. 아무튼 이제 주사위는 던져졌다.

사실 우리 연구팀도 큰 기대를 하지는 않았다. 대학원생 연구원이 데이터를 분석하는 데는 3일 정도가 걸렸다. 마침내 연구원이 내 사무실 문을 두드렸다.

"교수님, 결과가 나왔습니다." 나는 학생의 얼굴을 쳐다보며 이어질 말을 기다렸다.

"뇌파에서 왼팔 들어 올리기 상상과 혀 움직이기 상상은 구별이 잘 안되고요. 왼팔 들어 올리기 상상과 세 자리 숫자에서 한 자리 숫자 빼기를 측정한 데이터는 80퍼센트 정도의 정확도로 구별되는 것 같습니다."

80퍼센트라… 정말 애매한 수치다. 40번의 기회에서 32번을 맞혔다는 뜻이다. 그럼에도 확률적으로 보자면 우연히 나오기 어려운 값임에는 틀림없었다. 동전을 40번 던져 앞면이 32번 나왔다는 얘기니까 말이다. 수치가 70퍼센트였다면 아마도 우리는 다음 단계로 진행하지 않았을 것이다. 하지만 우리는 확률을 한번 믿어보기로 했다.

"그러면 이제 실시간 의사소통 시스템을 한번 만들어 볼까?"

가능성을 확인했지만 다음 단계인 실시간 뇌-컴퓨터 인터페이스 시스템을 만드는 데는 시간이 더 필요하다. 대학원생이 욕심을 부렸다.

"리만기하학에서 유도한 최신 패턴 분류 기술을 이용하면, 80퍼센트인 지금의 정확도를 조금 더 끌어올릴 수 있을지도 모릅니다."

하지만 나는 마음이 급했다. 루게릭병 환자는 대부분 인공호흡기를 달고 1년을 넘기지 못하기 때문이다. 그럼에도 보통 실시간으로 실험을 하는 경우에는 모든 데이터를 수집하고 나서 분석할 때보다 일반적으로 정확도가 떨어지기 때문에, 학생의 의견대로 최신 패턴 분류 기술을 적용해 보기로 했다.

프로그램을 작성하는 데 생각보다 시간이 많이 걸렸다. 꼬박 세 달 동안 개발한 새 프로그램을 이전에 측정해 둔 데이터에 적용했더니 정확도가 95퍼센트까지 올라갔다. 하지만 우리 연구실의 두 대학원생들에게 실시간으로 적용했더니 정확도가 60퍼센트에 불과했다. 갑자기 회의가 밀려왔다. 보통 사람에게도 잘 작동하지 않는데 과연 환자를 대상으로 작동할까? 그렇다고 힘들게 노력한 것이 있는데, 도전해 보지도 않고 포기할 수는 없었다.

## 슬프게 빛나는 작은 불빛

무더위가 한창인 2016년 8월 12일 오후 1시, 우리 연구팀은 다시 한번 부천의 요양병원을 찾았다. 환자의 두피에 전극들을 하나하나 붙이고 나서, 우리는 기도하는 심정으로 지난 6개월 동안 만든 프로그램의 실행 버튼을 눌렀다.

"어머님, 두 가지 과제 중에서 지시에 따라 하나씩만 하시면 됩니다. 왼팔을 들어 올리는 상상을 하시거나, 세 자리 수에서 한 자리 수를 빼시면 되는 거예요. 준비되셨지요?"

실험이 시작되었다.

"뺄셈."

5초가 지나고 결과가 통보되었다. "맞았습니다."

그래, 한 번은 우연히 맞을 수도 있다.

"왼손 상상."

다시 결과가 나왔다. "맞았습니다."

괜찮은 출발이었다.

"왼손 상상." 한 번 더 같은 과제였다.

"맞았습니다." 우리의 기대감은 점점 높아졌다.

그렇게 10번의 반복 시행이 끝났고, 놀랍게도 정확도는 100퍼센트였다. 우연이라고 하기에는 정확도가 너무 높았다. 우리는 총 40번의 테스트를 진행했고, 40번 가운데 35번이나 환자의 생각을 정확하게 읽어내는 데 성공했다. 87.5퍼센트. 일반 성인을 대상으로 한 실험에서는 한 번도 나온 적 없는 높은 정확도였다. 아마도 세상과 소통하고자 하는 환자의 절실함이 만들어 낸 기적이었을 것이다.

남편도 결과에 만족한 듯 연신 고맙다는 말을 반복했다. 조만간 다시 방문해 딸과도 인터넷으로 대화를 나누게 해주겠노라고 약속하고, 우리 연구팀은 병원에서 철수했다. 실험 준비에 수고한 대학원생들과 삼겹살을 굽고 소주를 한잔 기울였다. 비르바우머 교수 연구팀도 하지 못한 일을 해낸 것에 자부심을 느끼는 학생도 있었을 것이고, 학술지에 논문을 게재할 기대감에 부풀어 있는 학생도 있었을 것이다. 하지만 확실한 것은 우리 모두가 누군가를 행복하게 만들었다는 사실에 뿌듯함과 보람을 느끼고 있었다는 점이다.

우리 연구팀이 분주하게 다음 실험을 준비하고 있을 무렵, 실험 일정을 잡기 위해 환자의 남편에게 전화한 대학원생이 심상치 않은 소식을 전했다. 환자가 심한 폐렴에 걸려, 다음 실험을 언제쯤 할 수 있을지 모르겠다는 것이었다. 우리는 모두 환자의 쾌차를 기원하며 초조하게 때를 기다렸다. 다행히도 한 달쯤 지나 남편에게서 전화가 걸려 왔고, 그는 아내의 폐렴이 다 나았다는 기쁜 소식을 전했다.

우리는 일정을 잡고 다시 한번 병원을 방문했다. 인터넷으로 모녀 사이에 못다 한 대화를 나누게 할 예정이었지만, 일단 환자의 의식이 있는지부터 확인해 보기로 했다. 처음 방문했을 때와 마찬가지로, 두피에 뇌파 전극을 부착하고 헤드셋을 통해 '삑, 삑, 삑' 하는 소리를 들려주었다. 3분 정도의 짧은 실험이 끝나고 대학원생이 침대 옆에서 뇌파 분석을 시작했다. 모두 긴장된 표정으로 대학원생의 입을 바라보았고, 그가 입을 열었다.

"N100이 안 보여요."

나와 다른 학생도 뇌파 파형을 들여다보았다. 파형에 아주 미약한 변화가 있었지만, 청각 반응은 아닌 듯했다. 혹시나 하는 마음으로, P300을 관찰하는 실험도 진행했다. 모두가 기도하는 마음이었다. 데이터 수집이 끝나자, 병실의 모든 시선은 다시 침대 옆 노트북컴퓨터를 들여다보는 학생에게로 쏠렸다. 그의 얼굴에 실망한 듯한 표정이 스쳐 지나갔다. 그 순간 결과가 좋지 않다는 것을 알았다.

"뇌파에 아무것도 잡히지가 않아요." 학생이 말했다.

안타깝지만, 환자의 뇌는 더 이상 활동하지 않는 상태였다. 보호자에게 이 사실을 어떻게 전해야 할지 걱정부터 앞섰다. 하지만 남편은 이미 모든 것을 알고 있다는 듯, 나지막이 말을 건넸다. "수고하셨습니다. 가슴이 아프지만 어쩔 수 없지요."

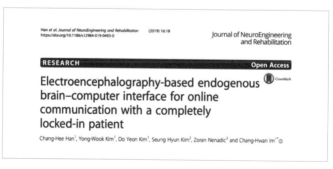

그림 4. 우리 연구팀의 연구 결과를 발표한 논문, 「완전감금증후군 환자와의 온라인 의사소통을 위한 뇌파 기반 내재적 뇌-컴퓨터 인터페이스」 타이틀 페이지.

우리도 마찬가지였다. "무슨 말씀을 드려야 할지 모르겠습니다. 저희가 조금 더 일찍 왔어야 했는데, 죄송할 따름입니다."

마음을 달래며 연구실로 돌아오고 몇 주 뒤, 우리는 환자가 유명을 달리했다는 슬픈 소식을 전해 들었다. 그로부터 다시 며칠이 지난 날, 사무실 전화의 벨이 울렸다.

"안녕하세요. 부천 요양병원 환자분의 딸이에요."

"소식 전해 들었습니다. 삼가 고인의 명복을 빕니다. 저희가 연구를 조금만 더 빨리 진행했더라면 따님의 소원을 들어드릴 수 있었을 텐데, 정말 죄송합니다."

"아니에요. 감사 인사를 드리려고 전화드린 것이에요. 선생님들 덕분에 반년 동안 어머니가 저희 이야기를 들으신다는 걸 알게 되었어요. 저희는 그것만으로도 만족하고, 너무 감사하게 생각합니다."

전화를 끊고 많은 생각과 후회가 밀려왔다. 조금 더 미리 준비가 되어 있었더라면, 다음 실험을 바로 다음 날에 이어서 했었더라면. 하지만 이제는 다 지난 일이다. 우리는 마음을 추스르고 부지런히 연구해야 한다. 우리 앞에는 아직 풀어야 할 많은 과제들이 쌓여 있고, 우리의 도움을 기다리는 많은 이들이 남아 있으니까.

# 2

# 뇌를 컴퓨터에 업로드한다면

## 마음을 컴퓨터에 저장하는 방법

세계적인 인공지능 연구자인 윌 캐스터 박사는 죽음을 앞두고 있다. 깨끗하게 밀어버린 그의 머리에는 뇌파를 측정하기 위한 전극이 촘촘하게 붙어 있고, 머리 아래로는 긴 케이블이 주렁주렁 늘어져 있다. 그의 연인인 에블린 박사는 이 모든 과정을 세심하게 지켜보고 있다. 윌 박사가 영어 사전에 있는 단어들을 차례로 읽어나간다.

"deadly, deaf, deafen, deal, dealer, dean, ···."

윌 박사가 단어를 읽을 때, 윌 박사의 목소리는 마이크를 통해 컴퓨터에 저장되고 동시에 윌 박사의 뇌에서 발생하는 뇌파 신호도 컴퓨터에 저장된다. 윌 박사는 영어 사전에 등장하는 첫 단어인 'a'부터 마지막 단어인 'zzz'까지 빠짐없이 읽는다. 그날 저녁, 그는 다시 돌아오지 않을 깊은 잠에 빠진다. 에블린 박사가 슬퍼하는 것도 잠시, 컴퓨터 모니터에 한마디 짧은 문장이 나타난다.

"거기 누구 없어요?<sup>ANYONE THERE?</sup>"

2014년에 개봉한 영화 〈트랜센던스<sup>Transcendence</sup>〉에 등장하는, 마음을 컴퓨터에 저장하는 마인드 업로딩<sup>mind uploading</sup> 장면을 묘사한 것이다. 영화에서는 마인드 업로딩을 위한 구체적인 방법을 설명하고 있지 않지만, 약간의 상상력을 동원하면 작가의 의도를 충분히 짐작할 수 있다.

윌 박사가 개발한 슈퍼컴퓨터 트랜센던스에는 윌 박사의 모든 신경망 구조가 저장되어 있다. 즉, 신경세포들을 서로 연결하는 시냅스와 신경섬유 다발에 대한 모든 구조적인 정보가 입력되어 있다는 뜻이다. 하지만 구조적인 정보는 컴퓨터에 입력할 수 있을지 몰라도(물론 현재 기술로는 이것도 불가능하다!), 시냅스나 신경섬유의 연결 강도에 대한 정보는 알아낼 길이 없다. 실제로 인간의 뇌에서는 모든 정보가 신경세포들 사이의 '연결 강도'라는 형태로 저장된다. 영화의 설정을 토대로 미루어 보면, 영화에서는 연결 강도에 대한 정보를 알아내기 위해 대표적인 인공지능 알고리즘인 딥 러닝deep learning의 지도 학습supervised learning 방법을 차용했을 것이다.

구체적으로 말하면, 먼저 딥 러닝을 적용하기에 용이하도록 음성 데이터를 멜-스펙트로그램mel-spectrogram이라는 2차원 이미지의 형태로 변환했을 것이다. 그리고 머리의 여러 위치에서 측정한 뇌파 데이터에 신호원 영상source imaging이라는 수학 알고리즘을 적용해, 언어의 의미를 처리하는 뇌 영역인 베르니케 영역Wernicke's area에서의 뇌 신호로 데이터를 변환하는 과정을 거쳤을 것이다. 이렇게 변환된 뇌 신호는 베르니케 영역의 인공 신경세포에 입력값으로 할당하고, 멜-스펙트로그램으로 변환한 음성 데이터는 언어를 만들어 내는 뇌 영역인 브로카 영역Broca's area의 인공 신경세포에 출력값으로 할당했을 것이다. 그러면 윌 박사가 영어 사전 하나를 읽어 내려가는 동안, 언어능력과 관련된 신경회로망의 모든 연결 강도가 역전파back-propagation 알고리즘이라는 최적화 기법을 통해 업데이트되었을 것이다.

물론 이것은 어디까지나 SF 영화에 등장하는 설정일 뿐이지, 이 기술이 현실에서 가능하다는 이야기는 아니다. 하지만 한 인간의 뇌에 담긴 신경회로망의 모든 연결 강도 정보를 완벽하게 알아낼 수 있다면 컴퓨터 안에서 그 사람을 구현하는 것이 가능할지도 모른다는 희망적인 증거가 있다.

## 컴퓨터로 구현된 예쁜꼬마선충

예쁜꼬마선충*Caenorhabditis elegans*은 몸길이가 약 1밀리미터인 작은 선충(실 모양의 벌레)이다. 수컷이 있지만 대부분은 자웅동체로서, 토양 속의 박테리아를 먹고 자라며 수명이 3주에 지나지 않는다. 이 평범한 선충은 징그러운 생김새와는 다르게 아주 귀여운 이름을 갖고 있는데, 구조가 단순하고 몸체가 투명해서 유전공학, 신경생물학, 뇌과학 분야의 연구에서 실험동물로 널리 사랑받고 있다.

수많은 실험에서 쓰이다 보니 예쁜꼬마선충은 다세포 생명체들 가운데 가장 많은 정보가 알려져 있다. 예쁜꼬마선충의 몸에는 총 959개(수컷은 1,031개)의 세포가 있고, 그중에서 총 302개(수컷은 385개)가 신경세포다. 302개의 신경세포 가운데 20개는

그림 5. 예쁜꼬마선충 수컷의 구조.

인두에 분포하고 있으며, 나머지 282개의 신경세포는 주로 머리와 꼬리 부위, 그리고 척수의 신경절에 위치한다. 이 신경세포들은 거미줄처럼 복잡한 네트워크를 형성하고 있는데, 예쁜꼬마선충 1마리에는 약 7,000여 개의 시냅스가 담겨 있다. 신경세포들이 이루는 네트워크의 지도는 종종 '커넥톰connectome'이라고 불리는데, 뇌과학자들은 오랫동안 이 커넥톰이 신경망의 조직 원리와 지능의 생성 원리를 밝힐 열쇠라고 믿고 예쁜꼬마선충을 대상으로 커넥톰을 만들기 위해 노력해 왔다. 모든 개체의 신경세포 개수가 동일할 뿐만 아니라 몸체마저 투명한 예쁜꼬마선충보다 더 알맞은 대상을 찾기도 어려웠을 것이다.

1986년, 공초점 현미경의 공동 개발자이기도 한 위스콘신대학교 존 화이트John White 교수의 연구팀은 예쁜꼬마선충 사체를 굳힌 뒤 8,000장의 얇은 절편으로 자른 다음, 이를 전자현미경으로 촬영하고 분석해 선충의 신경망 구조를 완벽하게 알아내는 데 성공했다. 이 연구로 예쁜꼬마선충은 지구상에 있는 생명체들 중에서 커넥톰이 밝혀진 최초이자 유일한 생명체로 등극하게 되었다. 하지만 예쁜꼬마선충의 구조적인 커넥톰이 완전히 밝혀졌더라도, 신경세포들 사이의 시냅스 연결 강도는 알아낼 방법이 없었다.

그러던 1999년, 미국의 컴퓨터공학자인 티모시 버스바이스Timo-thy Busbice는 우연한 기회에 이 예쁜꼬마선충의 커넥톰에 대한 글을 접하게 되었다. 당시에는 인공신경망artificial neural network,

ANN이라는 기술이 컴퓨터공학에서 크게 주목받고 있었는데, 생명체의 신경망을 모방해 뉴런과 시냅스로 구성된 인공적인 신경망을 만들고 새로운 입력 데이터에 대한 출력값을 추정하는 방법이었다. 버스바이스는 이와 관련해 곧바로 획기적인 아이디어 하나를 떠올렸다. 예쁜꼬마선충의 커넥톰을 인공신경망으로 변환한 뒤 예쁜꼬마선충을 대상으로 한 각종 실험 데이터로 인공신경망을 학습시키면 인공적인 생명체를 구현하는 것이 가능할지도 모른다는 것이었다.

묵묵히 아이디어를 발전시킨 버스바이스는 2011년에 스티브 라르손Stephen D. Larson이라는 젊은 신경과학자와 함께 오픈웜OpenWorm 재단이라는 비영리 단체를 조직했는데, 이 프로젝트의 최종 목표는 다름 아닌 컴퓨터 안에서 살아가는 인공 예쁜꼬마선충을 만드는 것이었다. 그들은 같은 관심사를 가진 전 세계 연구자들과 데이터를 공유하기 위해 오픈웜 웹사이트(openworm.org)를 열어 활발한 연구 활동을 펼쳤고, 다양한 실험 결과를 바탕으로 예쁜꼬마선충 커넥톰의 시냅스 연결 강도를 알아낸 뒤 예쁜꼬마선충의 움직임을 컴퓨터 안에서 재현하는 데 성공해냈다.

2014년, 버스바이스는 멈추지 않고 한발 더 나아갔다. 예쁜꼬마선충의 커넥톰 데이터를 레고 EV3 로봇에 이식한 것이다. 로봇에 부착된 여러 센서에서 측정된 데이터가 예쁜꼬마선충 인공신경망의 입력값으로 주어지면, 인공신경망의 계산 과정을 거친 출력 데이터는 로봇에 장착된 모터에 전송되어 로봇의 움직임을 제어했다. 극도로 단순한 알고리즘이었지만 결과는 대단했다. 버스바이스가 로봇의 행동 패턴에 대한 알고리즘을 전혀 만들지 않았음에도, 레고 로봇이 처음 접하는 환경 변화에 대해 '본능적인' 반응을 보인 것이다. 예쁜꼬마선충 로봇은 벽이나 장애물을 만나면 움직임을 멈추거나 방향을 틀었고 먹이가 있는 방향으로 전진하는 행동을 보였다. 아직은 초보적인 수준이지만, 버스바이스의 연구는 한 개체의 커넥톰 정보를 완벽하게 알아내면 그 개체를 컴퓨터나 기계로 구현할 수 있다는 가능성을 보여주기에 충분하다.

살아 있는 예쁜꼬마선충은 불과 302개의 신경세포만으로 다양한 감각 정보를 받아들이고 이를 일반화해 새로운 상황에도 적절히 대응하는 놀라운 적응력을 보여준다. 최근에는 자율주행 분야의 연구자들이 예쁜꼬마선충의 이러한 능력에 주목하고

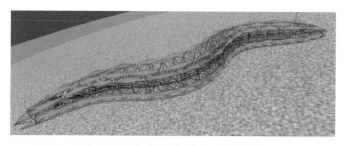

**그림 6. 라르손 등이 구현한 예쁜꼬마선충의 3차원 컴퓨터 시뮬레이터.**

있다. 2021년, IST 오스트리아의 마티아스 레치너<sup>Mathias Lechner</sup> 교수 연구팀은 예쁜꼬마선충의 커넥톰 구조를 활용해 자율주행 시스템을 위한 인공지능을 구현했다고 발표했다. 레치너 교수의 연구에 따르면, 예쁜꼬마선충의 커넥톰 구조를 모방해서 만든, 고작 19개의 신경세포로 구성된 인공신경망이 돌발 상황에도 잘 대처하는 훌륭한 자율주행 성능을 보이는데, 이 인공신경망 구조는 기존에 주로 사용되던 합성곱신경망<sup>convolution neural network, CNN</sup> 구조보다 무려 63배나 간단한 구조다. 오랜 시간 가장 효율적인 형태로 진화해 온 생명체의 커넥톰이 인간이 만든 인공지능을 압도할 수 있음을 입증한 것이다.

버스바이스나 레치너의 연구는 인간의 커넥톰을 컴퓨터 안에서 구현했을 때 인간과 유사하게 생각하고 판단하는 인공지능을 만들어 낼 수 있다는 충분한 가능성을 보여준다. 물론 현재의 기술로는 302개의 신경세포와 7,000여 개의 시냅스를 가진 단순한 선충조차 완벽하게 컴퓨터에 업로드할 수 없는 수준이니, 860억 개의 신경세포와 100조 개에 달하는 시냅스로 구성된 인간의 뇌를 컴퓨터로 시뮬레이션하는 것은 불가능에 가까워 보인다. 그럼에도 나는 우리 인류가 '마인드 업로딩'이라는 목표를 향해 계속해서 나아갈 것이라고 굳게 믿는다. 과학사를 돌이켜 보면 단 1퍼센트의 가능성만을 바라보고 자신의 일생을 바친 수많은 과학자들이 있었기 때문이다.

예를 들어, 하늘을 나는 자동차는 미래를 꿈꾸는 모든 이들에게 일종의 '로망'과 같은 존재였고, 지난 100여 년간 수많은 연구자가 영화 〈블레이드 러너Blade Runner〉나 〈빽 투 더 퓨쳐Back to the Future〉에 등장하는 비행자동차를 만들기 위해 노력해 왔다. 그 과정에서 추락 사고를 비롯한 수많은 실패가 있었지만, 희망의 끈을 놓지 않고 여전히 비행자동차 개발에 전념하고 있는 이들이 있다. 그런데 아이러니하게도, 비행자동차 개발자들에게 영감과 희망을 불어넣어 준 것은 '완벽한 실패'로 평가받는 최초의 비행자동차 주행 시험 영상이었다.

1917년, 항공 산업의 개척자로 불리는 글렌 커티스Glenn Curtiss는 알루미늄 차체에 날개가 3개 달린 최초의 비행자동차를 발명했다. 하지만 사실 그의 자동차는 전혀 날지 못했다. 당시 촬영한 흑백 영상을 보면 그 비행자동차는 활주로 위에서 마치 캥거루가 뛰듯이 폴짝폴짝 뛰기만 한다. 그런데 이후 많은 연구자들은 이 아슬아슬한 뜀박질 장면이 보여주는 0.01퍼센트의 가능성으로 인해 자신의 일생을 비행자동차 연구에 바치기로 마음먹었다고 고백한다.

버스바이스와 오픈웜 프로젝트가 보여주는 마인드 업로딩의 가능성도 많은 이들에게 영감을 불어넣고 있다. 2018년, MIT 출신의 로버트 매킨타이어Robert McIntyre는 자신과 뜻을 같이하는 동료들과 '넥톰Nectome'이라는 이름의 벤처기업을 설립했다. 이 회사는 갓 죽은 사람의 뇌에 알데히드-안정화 냉동보관aldehyde-stabilized cryopreservation이라는 방법을 적용해 시냅스를 비롯한 뇌의 구조를 변형 없이 보존하는 기술을 보유하고 있다. 넥톰에 따르면, 사체로부터 분리된 뇌가 수백 년간 원래 상태를 유지할 수 있다고 한다. 이 회사는 이미 한 여성의 뇌를 섭씨 영하 122도의 냉동 상태로 보관하는 데 성공했다고 발표하기도 했다.

넥톰의 아이디어는 간단하다. 먼 미래에 보존된 인간의 뇌로부터 완벽한 커넥톰을 알아낼 수 있는 기술이 완성된다면 그의 뇌를 컴퓨터에 업로드하겠다는 것이다. 물론 현재의 기술 수준으로는 온전하게 보존된 뇌가 있어도, 시냅스의 연결 강도는커녕 구조적인 커넥톰조차 완벽하게 알아낼 수 없다. 넥톰의 홈페이지에 따르면 현재 기억 추출 기술을 개발하고 있다고는 하지만, 그에 대한 과학적인 근거가 무엇인지는 불분명하다. 하지만 불과 120여 년 전인 1903년에 《뉴욕타임스The New York Times》가 "인간이 100만 년 안에 하늘을 날 일은 없을 것"이라고 예상한 것을 떠올려 보면, 정말로 수십 년 뒤(기술은 지수함수적으로 발전한다)에는 우리의 생각을 컴퓨터에 업로드하는 것이 비행기를 타는 것보다 더 일상적인 일이 될지도 모른다.

# 3

# 꿈을 저장하는 기계

## 꿈을 저장한다는 꿈

벤젠benzene은 다양한 화학 공정에서 필수적인 용매로 쓰이는, 현대 산업에서 결코 빼놓을 수 없는 탄화수소 물질이다. 벤젠은 육각형 고리의 구조를 갖고 있는데, 이 구조는 독일의 화학자인 프리드리히 아우구스투스 케쿨레Friedrich August Kekulé가 처음으로 밝혀냈다. 1865년, 난로 옆에서 깜빡 잠에 빠진 케쿨레는 꿈속에서 자기 자신의 꼬리를 물고 빙글빙글 도는 뱀 한 마리를 보게 된다. 케쿨레는 당시 그가 고민하고 있던 벤젠의 구조가 "혹시 꿈에 나온 뱀처럼 고리의 형태가 아닐까?" 하는 아이디어를 떠올리게 되었고, 이를 통해 벤젠의 구조를 알아낼 수 있었다.

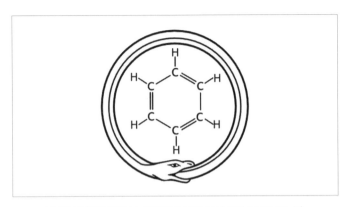

그림 7. 벤젠의 분자구조. 케쿨레의 꿈에 등장한 자기 꼬리를 무는 뱀.

꿈에서 영감을 받은 위대한 발견을 이야기할 때마다 빠지지 않는 케쿨레의 이 일화는 후대에 각색된 것이라는 주장도 있는데 그의 꿈을 들여다볼 수 없기에 진위를 확인할 길이 없다. 강연을 다니다 보면, 의외로 꿈에서 얻는 아이디어를 놓치는 것을 못내 아쉬워하는 이들을 자주 만나게 된다. 과연 뇌-컴퓨터 인터페이스 기술이 발전하면 우리의 꿈을 저장하는 것도 가능해질까?

이 질문에 답하자면, 그렇다. 그것도 머지않은 날에 꿈을 저장하는 기계가 개발될지도 모른다. 꿈을 저장하는 기계인 '드림 레코더dream recorder'라는 개념을 처음 소개한 이는 미국의 유명 SF 작가이자 발명가인 휴고 건스백Hugo Gernsback인데, 그는 입체 텔레비전, 영상통화, 진공터널열차, 레이더 등 미래 기술을 정확하게 예측한 것으로 유명하다. 1926년《과학과 발명Science and Invention》이라는 잡지에 기고한 글에서, 그는 "수면 중에 측정한 심전도 신호를 분석하면 꿈을 읽어낼 수 있을 것"이라는 획기적인 아이디어를 발표했다. 건스백은 실제로 이 기계를 구현해 여러 사람을 대상으로 실험을 진행하기도 했는데, 건스백이 이처럼 꿈에 집착한 이유는 사실 그가 일평생 악몽에 시달렸기 때문이라고 한다.

그림 8. 휴고 건스백의 드림 레코더가 게재된《과학과 발명》의 표지. (예술과매체기술센터Center for Art and Media Karlsruhe)

알고 보니 건스백의 시도가 전혀 터무니없는 것은 아니었다. 꿈을 꾸는 수면 단계인 렘$^{REM}$ 수면 때는 깊은 수면에 빠져 있을 때보다 심장박동이 빨라지기 때문에, 심전도 신호를 유심히 관찰하면 그 사람이 꿈을 꾸는지 아닌지 알아낼 수 있다. 하지만 심장박동의 변화만으로는 꿈의 내용이 무엇인지 알아내는 것은 당연히 불가능하다.

이후 100년이 넘도록 사람의 꿈을 읽어내 저장하는 것은 모든 뇌과학자와 뇌공학자의 '꿈'이었다. 그 꿈이 실현될 가능성을 보여준 이는 젊은 중국계 여성 뇌과학자였다. 1997년에 미국 캘리포니아주립대학교 버클리캠퍼스의 신경생물학과에 부임한 양 댄$^{Yang\ Dan}$ 교수는 하버드대학교 의과대학에서 박사후 연구원으로 일하는 동안 포유류의 뇌에서 시각 정보가 처리되는 원리에 대해 연구했다. 그녀가 특히 주목한 뇌 부위는 측면슬상핵$^{lateral\ geniculate\ nucleus,\ LGN}$이라는, 포유류의 뇌 중앙에 위치한 작은 시각 중추로서, 망막 시신경이 뇌로 보내는 전기신호가 가장 먼저 도달하는 뇌 부위로 알려져 있다.

댄 교수는 뇌의 시각 정보 처리 과정에서 관찰되는 시각위상$^{visuotopy}$(혹은 망막위상$^{retinotopy}$)이라고 불리는 특성에 주목했는데, 이는 눈앞에 펼쳐진 어떤 장면이 작은 화소$^{pixel}$들로 구성되어 있다고 가정할 때 화소 하나하나가 측면슬상핵에 있는 신경세포 하나하나에 대응되는 현상을 가리킨다. 그녀는 곧 측면슬상핵에 위치한 신경세포들의 활동 신호를 읽어내면 눈앞에 있는 장면을 그림의 형태로 복원할 수도 있지 않을까 하는 생각에 이르렀다. 댄 교수는 자신의 박사후 연구원이었던 개럿 스탠리<sup>Garrett B. Stanley</sup> 박사와 함께 자신의 아이디어를 구현하기 시작했다.

댄 교수는 고양이의 측면슬상핵에 바늘 모양의 전극 177개를 꽂아 넣고 177개의 신경세포가 고양이 망막의 어느 위치에 대응되는지를 알아냈다. 이를 위해 그녀는 고양이 눈앞의 여러 위치에서 밝은 빛을 보여준 다음 어떤 신경세포가 반응하는지 관찰했다. 이 과정이 마무리되고 나자, 그녀는 고양이 눈앞에 흑백 동영상을 여러 개 보여주고 고양이의 측면슬상핵에서 측정되는 신경신호를 이용해 영상을 복원했다. 결과는 실로 놀라웠다. 고양이에게 보여준 영상과 비슷한 윤곽의 영상이 만들어진 것이다!

댄 교수의 연구 결과는 많은 뇌과학자들을 흥분의 도가니로 밀어 넣기에 충분했다. 인간의 시각중추, 예를 들어 대뇌의 시각피질<sup>visual cortex</sup>에 전극을 조밀하게 삽입하고 신경세포의 활동을 기록하면 꿈을 저장하는 것이 불가능하지만은 않다는 것을 뜻했기 때문이다. 사람은 사물을 볼 때뿐만 아니라 꿈을 꿀 때, 심지어는 상상을 할 때도 대뇌 시각피질을 사용한다. 따라서 대뇌 시각피질의 활동을 정밀하게 읽어낼 수만 있다면, 아침에 일어나 밤새 꾸었던 꿈을 재생해 보는 것도 결코 불가능한 일이 아니다.

## 되살린 꿈의 조각들

물론 꿈을 저장하려고 자신의 두개골을 열고 시각피질에 전극을 삽입하는 위험한 수술에 도전할 사람은 없을 것이다. 꿈을 저장할 수 있다고 하더라도, 실제로는 이렇다 할 쓸모가 없을 가능성이 크기 때문이다. 뇌공학자들은 머릿속에 전극을 삽입하는 위험한 수술 대신 자기공명영상MRI을 활용하는 방법을 고안해 냈다. 2011년, 양 댄 교수와 같은 대학에 재직 중인 잭 갤런트 Jack Gallant 교수는 (MRI를 통해 뇌의 활동을 영상으로 나타내는) 기능적 자기공명영상fMRI을 이용해, 사람의 대뇌 시각피질을 정밀하게 관찰함으로써 사람이 보고 있는 영상을 복원할 수 있음을 증명했다. (비록 뇌에 삽입하는 전극보다 해상도가 떨어지기는 하지

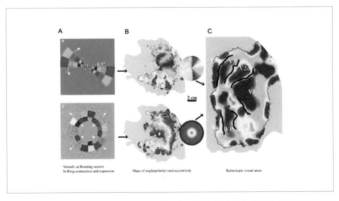

그림 9. 인간 뇌의 시각위상 지도. 눈앞에 보이는 장면의 위치마다 뇌에서 서로 다른 위치가 할당된다.

만, fMRI는 뇌의 깊은 곳까지 균일한 신호를 측정할 수 있기 때문에 시각위상 정보를 성공적으로 얻어낼 수 있다.)

2013년, 일본 국제전기통신기초기술연구소의 유키코 호리카와 Yukiko Horikawa 박사는 갤런트 교수의 연구에서 영감을 받아 사람의 꿈을 읽어내는 데 성공했다. 그녀는 fMRI로 꿈을 읽어냈다는 연구 결과를 학술지《사이언스Science》에 발표해 전 세계의 이목을 집중시켰다. 그녀는 먼저 피실험자의 두피에 몇 개의 뇌파 전극을 부착한 뒤에 피실험자가 MRI 기계 안에서 잠들도록 했다. 꿈을 꾸는 렘수면 단계에서는 뇌파에 갑작스러운 변화가 관찰되는데, 이 변화를 잡아내면 피실험자가 꿈을 꾸고 있는지 알아챌 수 있다. 호리카와 박사는 피실험자가 꿈을 꾼다고 판단되면 곧바로 잠을 깨운 뒤 꿈에서 본 장면을 이야기하도록 주문했다. 그녀는 인공지능으로 하여금 fMRI 데이터를 분석하고 미리 저장된 데이터베이스에서 몇 가지 사물을 골라내게 한 다음, 그 사물이 피실험자의 꿈에 실제로 등장했는지 확인했다. 예를 들어, 잠에서 깬 피실험자가 "한 사람을 봤어요. 제가 의자와 침대 사이에 열쇠를 숨겼는데 그 사람이 그걸 가지고 갔어요"라고 답했는데 fMRI에서 찾아낸 사물들에 사람, 의자, 침대, 열쇠가 포함되어 있다면 꿈을 성공적으로 읽어낸 것으로 판단했다. 결과는 놀라웠다. 책, 장소, 거리, 사람 등 실제로 꿈에 등장한 여러 사물들을 70퍼센트 이상의 정확도로 맞히는 데 성공한 것이다.

6년이 지난 2019년에는, 또 다른 일본 연구진이 더 놀라운 연구 결과를 발표했다. 일본 교토대학교 유키야스 가미타니<sup>Yukiyasu</sup> Kamitani 교수의 연구팀이 fMRI 데이터에 최신 딥 러닝 기술을 적용해서 피실험자가 상상하는 이미지를 그림으로 복원해 낸 것이다. 비록 비행기나 동물처럼 복잡한 이미지를 복원해 내는 데는 실패했지만, 덧셈 연산자(+)나 곱셈 연산자(×)와 같은 단순한 이미지에 대해서는 구별 가능한 수준의 그림들이 만들어졌다. 두 일본 연구진들의 연구 결과는 우리 뇌의 활동을 더 높은 해상도로 관찰할 수 있는 새로운 도구가 개발되면 머릿속에 전극을 삽입하는 수술 없이도 꿈을 저장하거나 우리의 생각을 그림으로 나타낼 수 있다는 가능성을 보여준다.

## 예견되지 않은 쓸모

하지만 뇌공학 분야에서 '드림 레코딩' 기술은 여전히 뜨거운 감자다. 많은 연구자들은 꿈을 읽고 저장하거나 개인의 경험과 기억을 컴퓨터에 기록하는 연구가 아무 쓸모도 없는 시간 낭비에 불과하다고 비판한다. 자신이 밤에 어떤 꿈을 꾸었는지 궁금해서 두개골을 열고 뇌에 전극을 삽입하는 수술을 받을 사람도 없겠지만, 설령 우리의 꿈을 녹화한다고 하더라도 일관된 플롯과 인과관계가 없는 혼란스러운 영상만을 보게 될 가능성이 크기 때문이다. 물론 꿈에서 영화 줄거리의 모티브를 얻는다는 스티븐 스필버그<sup>Steven Spielberg</sup> 감독과 같은 특별한 사례도 있지만, '흙

속에 숨은 진주 하나를 찾기 위해 꿈 영상을 재생하면서 깨어 있는 소중한 시간을 허비하는 것이 과연 현명한 선택일까?' 하는 의문은 여전히 팽배하다.

이런 면에서 볼 때, 브리티시텔레콤British Telecom의 전직 CTO 이자 저명한 미래학자인 피터 코크런Peter Cochrane 박사의 접근은 매우 신선하다. 코크런의 아이디어는 다름 아니라 한 사람의 머릿속에 마이크로칩을 삽입해 그의 일생을 기록하고 후대 사람들로 하여금 그 사람의 일생을 생생하게 경험할 수 있도록 하겠다는 것이다. 그가 '소울 캐처soul catcher'라고 이름 붙인 이 마이크로칩이 측정하는 것은 단지 신경신호에만 국한되지 않는다. 뇌에서 발생하는 다양한 신경전달물질이나 호르몬, 예를 들어 도파민, 세로토닌, 가바GABA 등을 측정할 수 있다면 사람의 감정 상태를 읽는 것도 가능하다. 아직 인간에게 적용할 수 있는 수준은 아니지만, 고속스캔 순환 전압전류법fast-scan cyclic voltammetry, FSCV과 같은 최신 방법을 이용하면 실시간으로 뇌 속의 신경전달물질 농도 변화를 측정하는 것이 가능하다.

만약 어떤 이의 머릿속 변연계에 삽입된 마이크로칩을 통해 신경전달물질의 변화를 정밀하게 측정하는 동시에 그가 보는 것, 듣는 것, 맛보는 것을 기록할 수 있다면 어떨까? 맛있는 음식을 먹거나 아름다운 이성을 만나거나 재미있는 공연을 볼 때, 그가 어떤 감정을 느끼는지도 알아낼 수 있지 않을까? 코크런은 언젠가 이 기술로 한 사람이 일생 동안 느끼고 경험한 모든 것을 기록하고 다시 꺼내 볼 수 있을 것이라고 예상한다. 코크런은 뇌공학자가 아니지만, 그의 아이디어는 신경신호를 해독함으로써 생각을 읽어내겠다는 뇌공학자의 접근법보다 오히려 더 현실적이다. 신경전달물질을 읽어내는 마이크로칩만 개발된다면 한 사람이 보고 듣는 것은 소형 카메라와 마이크로폰이 장착된 안경을 쓰는 것만으로도 얼마든지 기록할 수 있기 때문이다.

그런데 자신의 인생 기록을 후대에 물려주겠다는 사명감만으로 자신의 머릿속에 이 같은 '블랙박스'를 삽입할 사람이 과연 있기나 할까? 설령 그런 용감한 자원자가 나타난다고 하더라도 그가 알베르트 아인슈타인Albert Einstein이나 토머스 에디슨Thomas Edison 같은 위인이 아니라면 후대에도 관심을 가질 리가 없다. 게다가 우리는 누가 아인슈타인이나 에디슨이 될지 예견할 방법도 갖고 있지 않다. 그뿐만이 아니다. 인간은 완벽하지 않기에 뇌에서는 동물적이고 원초적인 감정도 발생할 수 있다. 사회적으로 존경받는 위인의 머릿속 깊이 감추어진 질투, 분노, 미움의 감정을 확인한 대중은 그에 대한 존경심을 상당 부분 거두어들일지도 모른다. 이러한 기술이 실현되더라도, 부모가 자식을 낳아 기르면서 경험한 사랑의 감정을 자기 자식에게 유산으로 물려주는 데 사용되는 것이 고작 아닐까?

1919년 5월 1일 자로 발행된 미국 월간지《일렉트리컬 익스페리먼터Electrical Experimenter》에는, 휴고 건스백이 기고한 '생각 기록 장치The Thought Recorder'라는 제목의 글이 게재되었다. 이 두 페이지 분량의 기고문에서 건스백은 뇌에서 발생하는 전기신호, 즉 뇌파를 해독하면 인간의 생각을 읽고 저장할 수 있다고 주장하면서, 에디슨이 사람의 목소리를 녹음한 사건을 예로 들었다.

"50년 전 최초로 목소리를 녹음할 당시만 하더라도, 사람들은 말이라는 것이 공기 중에서 금세 사라지는데 그것을 잡아둔다는 게 말이 되느냐고 조롱했습니다. 하지만 음성학이 발전하면서 목소리를 녹음하는 것은 발명가들에게 간단한 일이 되었지요. 마찬가지로, 언젠가 생각을 기록하게 되는 날이 반드시 올 것입니다. 우리에게 필요한 것은 적절한 장치일 뿐이고, 그런 건 쉽게 만들 수 있을 것입니다."

물론 100년이 지난 지금까지도 생각을 저장하는 장치는 개발되지 않았다. 그런 장치가 개발된다고 하더라도, 우리 삶에서 어떻게 쓰일 수 있을지 현재로서는 짐작하기 어렵다. 하지만 100여 년 전 텔레비전이 교육용으로 개발되었다는 사실을 떠올린다면 가까운 미래에는 드림 레코더도 우리의 삶에 꼭 필요한 기술로 자리매김하게 될지도 모른다. 그리고 지금 이 시간에도 세계 어딘가에서 드림 레코더를 꿈꾸며 늦은 밤까지 컴퓨터와 씨름하고 있는 뇌공학자들이 있기에, 인류의 이 오랜 꿈이 언젠가 실현되리라고 믿어 의심치 않는다.

# 4. 뇌와 컴퓨터의 역사적인 만남

## 뇌-컴퓨터 인터페이스의 아버지

뇌와 컴퓨터를 연결한다는 뜻을 지닌 '뇌-컴퓨터 인터페이스'
는 '뇌-기계 인터페이스brain-machine interface, BMI'라고도 불린다.
그런데 불과 20여 년 전만 하더라도 이 두 가지 용어는 서로 다
른 뜻으로 쓰였다. '뇌-컴퓨터 인터페이스'는 뇌파를 측정하듯
뇌 신호를 머리 바깥에서 측정하는 방식을 의미했고, '뇌-기계
인터페이스'는 수술을 통해 두개골 내부에서 측정하는 경우에
만 사용되었다. 하지만 최근 들어 컴퓨터와 기계 사이의 경계가
사라지면서 컴퓨터와 기계를 구분 짓는 것이 무의미해졌다. 주
위만 둘러보더라도 컴퓨터가 들어가 있지 않은 기계를 찾는 것

이 점점 더 어려워지고 있지 않은가. 그렇다면 '뇌-컴퓨터 인터페이스'라는 용어는 언제, 어떻게 만들어진 것일까?

뇌-컴퓨터 인터페이스 개념은 미국 UCLA의 자크 비달^Jacques Vidal 교수가 1973년에 처음으로 제안했다. 비달 교수는 벨기에 동부에 있는 작은 도시인 리에주에서 나고 자라, 1954년에 리에주대학교 전자공학과를 졸업하고 1961년에 프랑스 파리대학교에서 박사학위를 취득한 다음 1963년에는 UCLA 공과대학에서 조교수로 임용되었다. 그의 초기 연구는 전자회로의 시뮬레이션이나 하이브리드 컴퓨터 시스템과 같이 인간의 뇌와는 전혀 관련 없는 것들이었다. 그러던 그가 인간의 뇌에 갑작스레 관심을 갖게 된 것은 연구년인 1970년에 UCLA 뇌연구소의 저명한 신경과학자 호세 세군도^Jose Segundo 교수가 이끄는 뇌 연구를 경험하면서부터였다.

대학교수의 연구년에는 수업이나 행정의 의무가 면제되기 때문에 자신이 재직하는 기관을 떠나 다른 도시나 해외에서 머무는 것이 보통인데, 비달 교수는 자신의 연구실에서 직선거리로 불과 150미터 떨어진 건물에서 1년간 연구년을 보냈다. (지금껏 연구년을 반납하는 교수는 본 적 있어도 비달처럼 이웃한 건물에서 연구년을 보내는 교수는 한 번도 본 적이 없다.) 사실 손을 먼저 내민 쪽은 세군도 교수였다. 세군도 교수는 비달 교수와 비슷한 시기에 UCLA에서 조교수로 임용되었는데, 그의 초기 연구는 동물 뇌의 신경세포에서 발생하는 전기신호를 분석하는 것이었다.

세균도 교수는 수학과를 졸업하고 신경과 의사가 된 독특한 이력의 소유자였지만, 종이와 펜만으로 복잡한 신호를 분석하는 것은 버거운 일이었다. 그러던 어느 날, 세균도 교수는 교내 식당에서 가끔 마주치던 비달 교수가 공과대학에서 컴퓨터와 신호처리를 연구하고 있다는 사실을 알게 되었다. 평소 뇌과학에 관심 있었던 비달 교수도 세균도 교수의 연구에 흥미를 갖게 되었고, 이 둘의 만남은 곧 세계 최초의 뇌-컴퓨터 인터페이스 연구로 이어지게 되었다. 요즘에는 학문 간의 경계를 허무는 융합 연구가 보편화되었지만, 인터넷조차 없었던 당시에는 학문이 매우 폐쇄적이고 보수적이어서 서로 다른 분야의 교수들이 협업하는 것이 매우 드문 일이었다.

세균도 교수와 함께 1년의 시간을 보내면서, 비달 교수는 뇌 연구에 자신의 남은 생을 바치기로 결심하고 본인의 소속을 아예 UCLA 뇌연구소로 옮겼다. 비달 교수는 자신의 컴퓨터공학 지식과 세균도 교수에게서 얻은 뇌과학 지식을 접목해, 뇌에서 발생하는 신호(뇌파)를 컴퓨터로 분석하고 이를 이용해 다른 이들과 의사소통할 수 있는 새로운 시스템, '뇌-컴퓨터 인터페이스'를 제안했다.

1973년, 비달 교수는 자신의 아이디어를 정리한 24쪽짜리 논문을《연례 생체물리 및 생체공학 리뷰Annual Review of Biophysics and Bioengineering》라는 학술지에 게재했다. 「뇌와 컴퓨터의 직접적인 소통을 위하여Towards direct brain-computer communication」라는 논문에서 그는 무려 10여 대에 달하는 당시 최고 사양의 컴퓨터들을 연결해 뇌-컴퓨터 인터페이스를 구현하는 아이디어를 제시했다(그림 10). 물론 현재는 저사양 노트북컴퓨터 1대만 있어도 그가 구상한 시스템을 구현하기에는 모자람이 없다.

이 논문이 뇌-컴퓨터 인터페이스라는 새로운 분야를 열어젖힌 기념비적인 논문이기에 수많은 연구자들이 이를 인용했을 법하지만, 의외로 논문의 피인용수는 그리 많지 않다(2023년 10월 구글스칼라 기준으로 1,732회). 오히려 뇌-컴퓨터 인터페이스 분야에서 가장 많이 인용된 논문은 미국 워즈워스센터Wadsworth

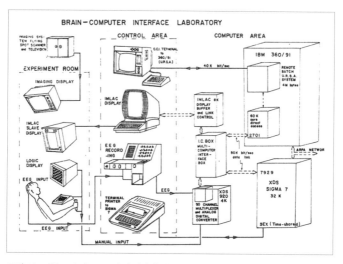

그림 10. 비달 교수가 1973년에 제안한 뇌-컴퓨터 인터페이스의 개념도. (자크 비달, 《연례 생체물리 및 생체공학 리뷰》, 1973년.)

Center의 조녀선 월포$^{Jonathan\ Wolpaw}$ 교수가 2002년 당시까지의 뇌-컴퓨터 인터페이스 기술을 한눈에 알아볼 수 있도록 총 정리한 리뷰 논문이다(2023년 10월 기준으로 9,509회). 월포 교수의 리뷰 논문 안에는 뇌-컴퓨터 인터페이스의 모든 개념이 정리되어 있기 때문에, 논문을 쓰다가 특정 개념을 언급해야 할 때마다 그 개념을 처음 제안한 논문을 일일이 찾아 인용 문구를 삽입할 필요 없이 월포 교수의 논문만 인용하면 되니 논문을 쓰는 입장에서 얼마나 편리하겠는가? 실제로 나 역시 지금까지 뇌-컴퓨터 인터페이스를 주제로 50여 편의 논문을 쓰면서 대부분 월포 교수의 논문을 인용했지만, 비달 교수의 논문을 인용한 적은 고작 한두 번뿐이다. 물론 의도하지는 않았겠지만, 월포 교수가 뇌-컴퓨터 인터페이스 선구자들의 논문 피인용 기회를 가로채는 상황이 되어버린 것이다. 최근 들어 논문의 피인용 횟수로 연구의 우수성이나 대학 수준을 평가하는 경향이 심화되고 있는데, 월포 교수의 사례에서처럼 연구 논문보다 리뷰 논문이 더 높은 평가를 받게 되거나 심지어 논쟁거리인 논문이 더 많이 인용되는 사례도 있어서 이 같은 평가 방식에 대한 회의적인 시각도 늘어나고 있다.

다시 본론으로 돌아와서, 비달 교수는 자신의 논문에서 뇌-컴퓨터 인터페이스를 구현하기 위해서는 세 가지 전제 조건이 필요하다는 결론을 내렸다. 첫 번째 조건은 정신적인 의사결정이나 반응을 할 때 발생하는 뇌 활동을 전기적인 신호, 즉 뇌파

형태로 측정할 수 있어야 한다는 것이다. 두 번째 조건은 측정된 뇌파 신호 안에서 서로 다른 정신적 활동이 지닌 고유한 패턴(전문용어로 '특징점feature'이라고 한다)을 실시간으로 확인할 수 있어야 한다는 것이다. 마지막 조건은 시행착오 과정을 통해 신호 패턴이 더욱 분명해짐에 따라 신뢰도와 안정성이 향상되어야 한다는 것이다. 이 세 가지 전제 조건은 50년이 지난 현재까지도 여전히 유효하다. 하지만 당시의 조악한 컴퓨터 기술로는 비달 교수의 아이디어를 구현할 수는 없었다.

비달 교수는 첫 논문을 발표하고 4년이 지난 1977년이 되어서야 비로소 자신의 아이디어를 구현할 수 있었다(1977년은 최초의 개인용 컴퓨터인 애플II Apple II가 발표된 해이기도 하다). 그는 미국 《전기전자공학회 회보 Proceedings of the IEEE》에 발표한 논문에서 오늘날의 뇌-컴퓨터 인터페이스 기술에 견주어도 크게 뒤처지지 않는 수준의 혁신적인 연구 결과를 보고했다.

그의 아이디어는 대뇌 시각 영역의 시각위상(혹은 망막위상)이라는 성질을 이용하는 것이었다. 우리 뇌의 시각피질은 뒤통수 아래의 후두엽 occipital lobe에 자리하고 있는데, 우리 시야에서 오른쪽에 위치하는 사물을 볼 때는 시각피질의 왼쪽에 있는 신경세포가 반응하고, 반대로 왼쪽에 위치하는 사물을 볼 때는 시각피질의 오른쪽에 있는 신경세포가 반응한다. 위아래도 비슷하다. 위쪽에 있는 사물을 볼 때는 시각피질의 아래쪽 세포가, 아래쪽에 있는 사물을 볼 때는 시각피질의 위쪽 세포가 반응한다. 이처럼 우리가 바라보는 대상이 시야에서 차지하는 위치에 따라 서로 다른 위치의 신경세포가 반응하는 현상을 바로 '시각 위상'이라고 한다.

그는 먼저 마름모꼴로 된 체스판 무늬의 시각 자극을 만들었다(그림 11). 이 체스판 문양은 일정한 주파수로 검은색과 흰색 부분이 반복적으로 역전되도록 만들어졌는데, 이 같은 '패턴 역전pattern reversal' 자극이 주어지면 시각피질의 신경세포는 매우 활발하게 활동한다. 이런 뇌 활동은 후두엽 부근에 '시각유발전위visual evoked potential'라고 불리는 특징적인 뇌파를 발생시킨다.

그런데 우리가 이 체스판 문양의 가운데를 쳐다보지 않고, 체스판 위쪽 끝의 동그라미를 바라보면 어떤 일이 일어날까? 체스판 모양의 시각 자극은 우리 시야의 아래쪽에 위치하게 되므로,

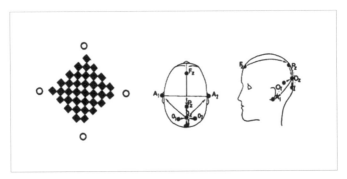

그림 11. 비달 교수가 제안한 체스판 시각 자극(왼쪽)과 뇌파 측정 위치(오른쪽). (자크 비달, 《전기전자공학회 회보》, 1977년.) 동그라미 4개 중 하나를 바라보면 뇌파를 분석해 어디를 보고 있는지 알아낼 수 있다.

시각피질의 위쪽 신경세포가 전기신호를 만들어 낼 것이다. 체스판 문양의 오른쪽 끝을 바라보면, 시각 자극은 시야의 왼쪽에 위치할 것이므로 시각피질의 오른쪽 신경세포가 신호를 만들어 낼 것이다.

따라서 어떤 사람의 시각 영역 중간점을 기준으로 위, 아래, 왼쪽, 오른쪽에서 뇌파를 측정하면, 그 사람이 체스판 문양의 어느 꼭짓점을 바라보고 있는지를 거꾸로 유추하는 것이 가능하다. 예를 들어, 네 지점에서 측정한 뇌파들 가운데 왼쪽에 있는 전극에서 특징적인 뇌파(시각유발전위)가 강하게 발생한다면, 이는 체스판 문양의 시각 자극이 오른쪽 시야에 있다는 것을 의미한다. 다시 말해, 그 사람이 체스판 문양의 왼쪽 끝을 바라보고 있다는 뜻이다.

비달 교수는 이와 같은 방식으로 화면상의 커서를 위, 아래, 왼쪽, 오른쪽으로 움직여서 가상의 캐릭터가 미로를 빠져나가는 뇌-컴퓨터 인터페이스 시스템을 구축했다. 물론 비달 교수의 방식은 여러 번의 반복 시행을 필요로 했기에, 속도가 아주 느리고 정확도도 현재 쓰이는 방식에 비해서는 현저하게 떨어졌다. 하지만 그의 연구는 실용적인 뇌-컴퓨터 인터페이스를 최초로 개발했다는 점에서 중요한 의의를 갖는다.

그런데 의아한 점은 비달 교수가 뇌-컴퓨터 인터페이스라는 새로운 분야를 개척해 놓고는 돌연 이 분야에서 완전히 손을 떼고 인공지능과 기계학습으로 연구 주제를 바꾸어 버렸다는 것이다. 1978년을 마지막으로 뇌과학 분야의 논문을 더 이상 발표하지 않은 것은 물론이고, 1980년부터는 뇌연구소 소속이 아닌 컴퓨터공학과 소속으로만 논문을 발표했다. 사실 이런 일은 교수 사회에서 비일비재한 일인데, 뇌연구소 소장인 세군도 교수와 비달 교수 사이에 모종의 의견 충돌이 있었거나 관계가 악화되었을 가능성도 배제할 수 없다. 진실은 당사자들만 알 수 있을 뿐 우리로서는 확인할 길이 없다.

안타까운 사실은 비달 교수가 뇌-컴퓨터 인터페이스 분야에 계속 머물러 있었더라면 이 분야의 '살아 있는 전설'이 되었을 것이라는 점이다. 비달 교수가 기계학습 분야로 연구 분야를 바꾼 뒤 눈에 띄는 연구 성과를 내지 못했기에 더 큰 아쉬움이 남는다. 비록 뇌-컴퓨터 인터페이스 학술 대회에서 더 이상 그의 모습을 볼 수는 없지만, 그의 발자취는 오늘날에도 널리 쓰이는 '뇌-컴퓨터 인터페이스'라는 용어와 수많은 연구자들에게 영감을 주는 두 편의 논문에서 찾아볼 수 있다.

## 어느 문제아의 모범적 연구

뇌-컴퓨터 인터페이스의 선구자인 자크 비달 교수가 떠난 뒤 이 분야는 한동안 침체기에서 벗어나지 못했다. 비달 교수의 바통을 넘겨받은 차세대 주자는 미국이 아닌 독일에서 등장했다. 노벨 생리의학상 후보에도 오르내리며 『뇌는 탄력적이다Dein

『Gehirn weiß mehr, als du denkst』라는 책으로 국내에도 잘 알려진, 독일 튀빙겐대학교의 닐스 비르바우머 교수가 바로 그 주인공이다.

비르바우머는 평범하지 않은 이력의 소유자다. 한마디로 그는 '문제아'였다. 제2차 세계대전이 끝난 1945년에 오스트리아 빈에서 태어난 그는 부모님과 네 형제자매와 함께 빈의 외곽 지역에서 자랐다. 10대 때는 소년 갱단을 조직하고 범죄를 저지르고 다녔는데, 덩치가 작고 마른 편이었지만 단 한 번도 자신이 만든 조직의 우두머리 자리를 빼앗기지 않았다. 그는 소년 갱단의 조직원들과 함께 번번이 자동차를 부수고 라디오를 훔쳐 달아났고, 한번은 동료 학생이 자신이 먹다 남긴 빵을 먹어치웠다는 이유로 친구의 발을 칼로 찔러서 소년원에 수감되기까지 했다.

그는 권위주의적인 가톨릭 성직자 학교가 자신과 맞지 않았다고 회상한다. 소년원에서 풀려난 뒤 그의 아버지가 가구 공장의 견습생으로 보내버리겠다고 위협하자, 그는 그제야 정신을 차릴 수 있었다. 다행히 전학한 학교에는 훌륭한 역할 모델이 있었고, 주위로부터 다양한 지적 자극도 받을 수 있었다. 그는 자기 어린 시절의 이런 '개과천선' 경험이 뇌과학 연구에서 중요한 밑거름이 되었다고 말한다. 그는 자신의 경험을 통해 "인간의 뇌는 태어날 때부터 결정되어 있는 것이 아니라 환경으로부터 영향을 받으며, 스스로의 노력에 의해 충분히 바뀔 수 있다"라는 신념을 갖게 되었다.

비르바우머는 인간의 뇌에 대해 조금 더 깊은 공부를 해야겠다는 생각으로 빈대학교의 심리 및 신경생리학과에 입학했다. 23세의 어린 나이에 박사학위를 받고 빈대학교에서 연구 조교 일을 시작했지만 곧 대학에서 쫓겨났는데, 동료들과 함께 학교 의 구닥다리 교과과정을 개편하라는 시위를 주동했다는 것이 그의 퇴출 사유였다. 기존 체제에 대한 저항 정신과 마음먹은 바 를 행동으로 옮기는 추진력, 그리고 조직을 이끄는 리더십이 그 에게 힘든 젊은 시절을 보내게 했을지는 몰라도, 이후 그의 연구 에 있어서는 아주 중요한 장점이 되었다. 빈대학교에서 쫓겨난 뒤 영국 런던과 독일 뮌헨 등지를 떠돌아다니며 6년 넘게 자리 를 잡지 못하다가, 그는 1975년이 되어서야 비로소 독일 튀빙겐 대학교의 심리학과 교수로 자리 잡았다. 튀빙겐대학교는 의학, 화학, 물리학 분야에서 노벨상 수상자를 11명이나 배출한 독일 최고의 명문 대학 중 하나다.

튀빙겐대학교에 자리 잡은 비르바우머는 자신의 10대 경험을 바탕으로 인간의 뇌가 변할 수 있다는 점을 증명하고자 노력했 다. 특히, 유전되는 것으로 알려진 사이코패스psychopath의 경우, 어린 시절에 그 성향을 알아내 조기에 적절한 치료를 받게 하면 성인이 되고 나서도 사이코패스로 발전하지 않을 수 있다고 주 장했다. 그는 사이코패스들 가운데 10대 때 집중력 장애를 가졌 던 이들이 많다는 점을 알아냈는데, 사이코패스로 발전할 가능 성이 높은 10대 아이들을 대상으로 뉴로피드백neurofeedback 치료 를 진행하면 사이코패스로 발전하는 것을 방지하는 데 효과적이라는 사실도 증명했다.

당시 뉴로피드백에 많이 사용되던 뇌파에는 느린피질전위$^{slow}$ $^{cortical\ potential,\ SCP}$라는 것이 있었다. SCP는 뇌파가 몇 초 동안 양극이나 음극을 띠며 천천히 변하는 현상을 나타내는데, 발생 원리는 아직 정확히 모르지만 전체적인 대뇌의 신경망 조절 기능을 반영하는 것으로 알려져 있다. 중요한 사실은 훈련을 통해 사람이 SCP를 스스로 조절할 수 있다는 데 있다.

예를 들어, SCP가 변함에 따라 모니터 위에 그려진 동그라미의 색깔이 변한다고 가정해 보자. 이때 SCP가 양의 값을 가지면 동그라미의 색깔이 빨강으로 변하고, 음의 값을 가지면 파랑으로 변한다. 한편 SCP의 절댓값이 커질수록 더 진한 색이 나타난

그림 12. 집중력 강화를 위한 뉴로피드백 훈련을 수행하는 모습. 집중도가 높아지면 비행기가 빠르게 날아가며 더 높은 점수를 얻을 수 있다.

다. 그러면 뉴로피드백 치료를 받는 환자는 자신의 뇌파에 따라 변하는 동그라미의 색깔을 바라보면서 스스로 SCP를 조절하는 방법을 깨칠 수 있다. 일단 SCP를 조절할 수 있게 되면, 동그라미의 색을 진한 빨강으로 만드는 것과 같은 임무를 수행하면서 뇌의 상태를 긍정적인 방향으로 바꾸어 가게 된다. 뉴로피드백 훈련에 참여하는 이들은 처음에는 어찌할 바를 모르다가, 특정 심리 상태에 있거나 특정한 행동을 상상할 때 SCP가 변한다는 사실을 우연한 기회에 스스로 깨닫는다. 대다수는 아무도 가르쳐 주지 않아도 30분 정도의 훈련만으로도 자신의 SCP를 자유롭게 조절할 수 있다. 비르바우머는 1980년대에 SCP를 스스로 조절하는 방법으로 뇌전증 환자의 증상을 개선한 연구 결과를 발표해 학계로부터 큰 주목을 받았다.

1980년대 중반, 비르바우머는 뇌전증 환자를 연구하며 여러 신경과 의사들과 교류하기 시작했다. 그러던 중 그는 온몸의 운동 능력을 상실하고 결국 자가 호흡과 의사소통 능력까지 잃어버리는 루게릭병 환자들을 접하게 되었다. 매번 기존의 틀을 깨뜨리고자 노력하는 비르바우머의 기질은 여기서도 빛을 발했는데, 그는 "SCP를 이용한 뉴로피드백 기술을 응용하면 의사소통에 어려움을 겪는 루게릭병 환자를 도울 수 있지 않을까?" 하는 획기적인 생각을 하기에 이르렀다.

그는 시각 기능이 아직 약간 살아 있는 중증 루게릭병 환자의 눈앞에 모니터를 가져다 놓고 환자의 두피에 전극을 부착했다.

그러고는 뉴로피드백 훈련을 통해 환자 스스로 자신의 SCP를 조절하는 법을 배우게 했다. 이것으로 준비는 모두 끝났다. 비르바우머는 환자에게 뉴로피드백 시스템을 바라보며 '네'라는 대답을 하고 싶으면 양극의 SCP를, '아니요'라는 대답을 하고 싶으면 음극의 SCP를 만들어 달라고 지시했다. 결과는 성공적이었다. 비르바우머의 새로운 뇌-컴퓨터 인터페이스 기술을 통해 루게릭병 환자가 자신의 의지만으로 '네-아니요'의 의사 표현을 할 수 있음이 드러나는 순간이었다! 비르바우머는 이 성공을 바탕으로, 1990년대부터 지금까지 사지 마비 환자가 '네-아니요'의 의사 표현을 할 수 있도록 도와주는 다양한 뇌-컴퓨터 인터페이스 시스템을 개발하고 있다.

비르바우머는 실생활에서 '네-아니요'의 의사 표현이 아주 중요하다고 생각했다. 실제로 SCP를 이용한 첫 연구 이후로, 그의 모든 연구에서 선택지를 사지선다나 오지선다로 늘리지 않고 오로지 '네-아니요'의 2개의 선택지만을 고집했다. 그는 '네-아니요'의 의사소통만으로도 충분히 환자 삶의 질을 높일 수 있다고 굳게 믿는다.

나 역시 비르바우머 교수의 주장에 전적으로 동의한다. 일반적으로 선택지를 늘리면 뇌-컴퓨터 인터페이스의 정확도가 감소하기 마련이다. 여러 선택지 가운데 하나를 부정확하게 고르기보다 '네-아니요'의 의사를 확실하게 표현하는 것만으로도 어느 정도의 의사소통은 가능하다. 자유자재로 소통할 수 있는 일반인에게는 대단한 일로 보이지 않겠지만, '네-아니요'의 의사소통은 외부와의 소통이 불가능했던 환자들에게는 삶의 질을 크게 높여주는 수단이 된다. 예를 들어, 침대에 누워만 있는 완전감금증후군 환자의 보호자가 환자를 위한다며 그에게 두꺼운 이불을 덮어주었다고 가정해 보자. 이때 환자는 너무 더워서 이불을 발로 걷어차고 싶어도 마음을 전달할 방법이 없다. 그런데 '지금 덥니?'라는 한마디 질문에 '네-아니요'로 답할 수 있다면 환자의 괴로움이 한층 덜어지지 않겠는가?

2014년, 비르바우머는 빛으로 뇌 활동을 관찰하는 근적외선분광법을 이용해서 눈동자조차 움직이지 못하는 완전감금증후군 환자와 '네-아니요'의 초보적인 의사소통을 하는 데 성공했다. 비록 30초에 한 번씩 의사를 파악해야 할 정도로 속도가 느리고 정확도도 약 70퍼센트로 낮았지만, 완전감금증후군 환자와 최초로 의사소통했다는 사실은 상당한 의의를 갖는다. 2017년에도 그는 근적외선분광법을 이용해서 완전감금증후군 환자와 '네-아니요'의 의사소통에 성공했는데, 당시 완전감금증후군 상태에 있던 환자는 뇌-컴퓨터 인터페이스 시스템을 통해 자신의 딸이 결혼 상대로 소개한 남성이 마음에 들지 않는다며 결혼에 반대하는 의사를 표시했다. 물론 반대한 이유까지는 알 수 없지만, 딸은 아버지의 뜻을 받아들여 자신의 연인과 헤어졌다고 한다.

비르바우머 교수는 지금까지도 완전감금증후군 환자들과 의사소통하기 위한 다양한 뇌-컴퓨터 인터페이스 기술들을 개발하고 있다. 비르바우머 교수의 바람대로 언젠가는 식물인간과 비슷한 상태에 있는 모든 이들이 생각만으로도 외부와 소통할 수 있는 날이 오게 되기를 기대한다.

# 2부

뇌로 움직이는 세상

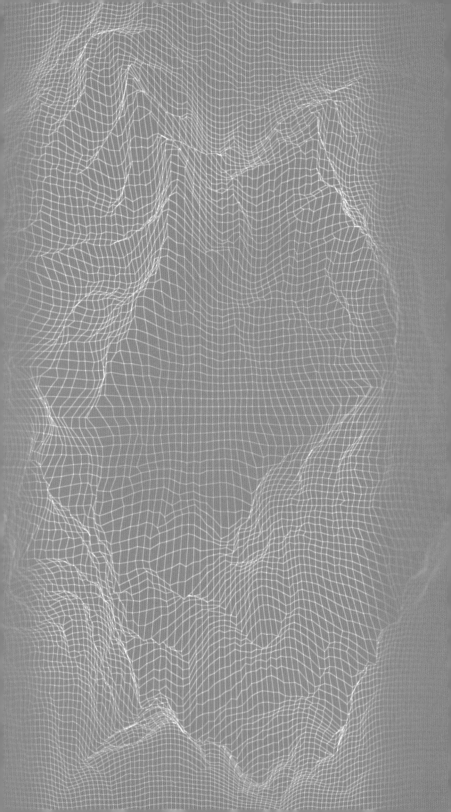

# 5 생각으로 날아다니는 로봇들

## 두개골 안의 전극

'나 대신 내 분신이 회사에 출근해 일까지 해주면 얼마나 좋을까?' 업무에 지친 회사원이라면 한 번쯤 해보았을 법한 행복한 상상이다. 2009년 할리우드 SF 영화 〈써로게이트Surrogates〉는 이런 상상을 생생한 영상으로 만들어 냈다. 영화의 배경인 어느 미래 도시에서는, 사람들이 집 안에 편하게 누워 뇌파를 통해 자신의 아바타를 조종하고 아바타가 보고 듣고 느끼는 것을 전달받는다. 아바타가 대신 출근하고 다른 이들과 관계 맺는 것은 물론이다. 개인적으로 영화를 재미있게 보기는 했지만, 두피에 붙인 몇 개의 뇌파 측정 전극만으로 아바타를 마음대로 조종한다는 설정이 지나치게 성의가 없어 보여서 영화를 보는 내내 불편한 감정을 떨칠 수가 없었다. 비슷한 시기의 영화 〈아바타<sup>Avatar</sup>〉에 등장한 캡슐형 뇌영상 장치 정도는 등장해 줘야 영화에 집중할 수 있는 것은 아마도 뇌공학자의 직업병이 아닐까 싶다.

영화는 그저 영화로만 보라는 말이 있기는 하지만, 영화에서처럼 뇌파로 자신의 아바타를 정밀하게 제어하는 것은 지금도, 그리고 먼 미래에도 불가능한 일이다. 잠깐 생각해 보더라도, 우리 뇌 속의 신경세포가 수백억 개에 달하는데 그 신경세포들이 만들어 내는 복잡한 조합의 전기신호 패턴을 고작 몇 개의 전극만으로 읽어내는 것이 물리적으로 가능할 리가 없지 않겠는가? 하지만 이러한 어려움에도 불구하고 현실에서는 생각만으로 세상과 소통하는 기술을 필요로 하는 이들이 많이 있다. 특히, 사고나 신경계 질환으로 사지가 마비된 이들에게는 생각만으로 팔, 다리를 움직이거나 주변 기기를 제어할 수 있는 기술이 절실히 필요하다.

그래서 뇌공학자들은 현실적인 해결책을 고민하기 시작했다. 사람들에게 서로 다른 두 가지 선택지를 제공하기로 한 것이다. 하나는 두피에 부착된 몇 개의 전극에서 측정되는 뇌파를 이용해 2개, 많게는 4개 정도의 단순한 움직임 의도만을 알아내는 것이었다. 보다 정밀한 기계 제어를 위한 다른 하나는, 수술을 통해 뇌 표면에 직접 전극을 삽입하는 '침습적인<sup>invasive</sup>' 방식이었다.

너무나 당연하게도, 뇌공학자들이 먼저 시도한 방법은 뇌파를 이용하는 '비침습적인noninvasive' 방식이었다. 이 분야의 선구자 중에는 카네기멜론대학교의 빈 히Bin He 교수도 있는데, 그는 나의 박사후과정 지도교수이기도 했다. 2005년에 나는 박사학위를 받고 당시 미네소타주립대학교 의공학과에 있던 히 교수의 연구실에서 박사후과정 연구원으로 일하게 되었다. 사실 나의 연구 주제는 뇌-컴퓨터 인터페이스와는 다소 거리가 있었다. 당시 나에게 주어진 주제는 두피 위에 많은 수의 뇌파 전극을 부착해서 측정한 뇌파 데이터로부터 뇌파 신호의 발생 위치를 정밀하게 찾는 알고리즘을 개발하는 것이었다.

　그렇게 미네소타에 자리를 잡고 보름쯤 지났을 때, 나는 연구실 학생 두어 명이 뇌파를 이용한 뇌-컴퓨터 인터페이스를 연구하고 있다는 사실을 알게 되었다. 그 학생들의 연구 주제는 오른팔이나 왼팔을 움직인다고 상상하는 동안 나타나는 뇌파를 측정한 뒤, 측정된 뇌파를 분석해 피실험자가 어떤 팔을 움직이는 상상을 했는지 알아내는 것이었다. 오른팔을 움직이는 상상을 하면 왼쪽 운동영역이 활동하고, 왼팔을 움직이는 상상을 하면 오른쪽 운동영역이 활동하기 때문에, 언뜻 그리 어렵지 않은 주제인 것처럼 보였다. 하지만 더 들여다보니 그렇게 간단하지가 않았다. 뇌파를 머리 표면에서 측정할 경우, 뇌파 신호가 두개골을 지나면서 크기가 줄어들고 뇌의 다른 부위에서 발생하는 뇌파 신호와도 혼합되어 그 패턴을 파악하기 어렵다는 것이 문제였다. 그뿐만 아니라 특정한 상상을 하지 않더라도 배경 뇌파 background EEG라는 신호가 끊임없이 발생하기 때문에, 팔의 상상에 따른 뇌파의 변화만을 포착해 내기가 쉽지 않았다. 당시 뇌-컴퓨터 인터페이스를 연구하던 학생들은 이런 문제로 원하는 결과가 나오지 않는다며 매일같이 답답함을 호소하고는 했다.

나는 미국에서 돌아와 대학교에 자리를 잡고 난 2007년 무렵부터 뇌-컴퓨터 인터페이스를 연구하기 시작했는데, 나 역시 수년 전 미국의 대학원생들이 경험한 어려움을 그대로 느끼고 있었다. 그때 나의 연구팀이 겪었던 어려움 가운데 하나는 피험자들에게 팔을 움직이는 것을 상상하라고 부탁했을 때, 대부분이 팔을 움직이는 '영상'을 머릿속에 떠올린다는 점이었다. 팔을 움직이는 영상을 떠올릴 때는 대뇌의 운동영역이 아닌 시각피질이 활동한다. 뇌파의 낮은 해상도로는 오른팔 움직임 영상을 상상하는 뇌파와 왼팔 움직임 영상을 상상하는 뇌파를 분리할 수가 없기에, 이런 방식으로는 뇌-컴퓨터 인터페이스를 구현할 수 없다.

당시 나는 대뇌의 운동영역 활동을 유도하는 훈련 방법을 최초로 제안했는데, 이는 운동영역에서 뇌파가 적게 발생할 때 파란색 화면을 보여주다가 운동영역이 활동하면 빨간색 화면을 보여주는 방식이었다. 이 단순한 훈련 방법은 기대 이상으로 효과적이었다. 많은 피험자들이 우리 훈련 방법을 통해 팔 움직임을 상상하는 법을 익힐 수 있었고, 그에 따라 뇌-컴퓨터 인터페이스의 정확도도 크게 높일 수 있었다. 이 연구 결과는 국내 연구진이 발표한 최초의 뇌-컴퓨터 인터페이스 논문이 되었는데, 초창기 논문이었음에도 지금까지만 300회 이상 인용되었다.

하지만 나를 비롯한 여러 뇌공학자들의 노력에도 불구하고, 뇌파를 이용한 뇌-컴퓨터 인터페이스의 성능이 획기적으로 발전하지는 않았다. 2000년대 후반에는, 수술을 통해 뇌에 직접 바늘 형태의 전극을 삽입해 뇌 신호를 정밀하게 읽어 들이고 이 신호를 분석해 마우스 커서나 로봇 팔을 정밀하게 제어하는 연구가 발표되고 있었다. 물론 뇌파를 이용한 뇌-컴퓨터 인터페이스가 수술이 필요 없다는 장점이 있기는 하지만, 정밀도나 정확도 측면에서는 침습적인 방식과 비교 대상이 되지 않았다. 이 무렵, 뇌파를 이용한 뇌-컴퓨터 인터페이스를 연구하는 대다수가 뇌파로 주변 기계를 제어하겠다는 생각을 접고 의사소통이나 감정 인식과 같은 다른 응용 분야로 눈을 돌렸다. 사실 나도 그들 가운데 하나였다.

## 뇌파로 움직이는 드론

그렇게 뇌파를 이용한 기계 제어 연구가 점점 인기를 잃어가던 2013년, 전 세계 언론을 떠들썩하게 한 연구 결과가 하나 발표되었다. 바로 미네소타주립대학교의 빈 히 교수 연구팀에서 들려온 소식이었다. 다름 아니라 뇌파를 통해 생각만으로 드론을 정밀하게 제어하고 여러 장애물을 통과시키는 실험에 성공한 것이었다. 오른팔과 왼팔 움직임 상상을 분류해 내기도 힘들어 한 연구실에서 8년 만에 도대체 무슨 마법 같은 일이 일어난 것일까? 비밀은 바로 '실시간 신호원 영상'이라는 기술을 도입한 데 있었다. 뇌파의 낮은 해상도를 극복하기 위해, 히 교수 연구팀은 실시간 신호원 영상이라는 기술을 적용해 대뇌피질로 뇌파 신호를 투영하는 방법을 고안해 냈다. 모두가 불가능하다고 손사래 치며 떠나갔지만 한곳에 남아 뚝심 있게 같은 문제에만 매달렸기에 얻을 수 있었던 성과였다.

히 교수 연구팀은 여기서 한발 더 나아갔다. 그동안 뇌파로는 어렵다고 여겨진, 로봇 팔을 제어하는 일에 도전장을 내민 것이다. 2019년, 카네기멜론대학교로 자리를 옮긴 히 교수는 최신 인공지능 기술의 힘을 빌려 생각만으로 로봇 팔을 제어하는 데 성공했다. 히 교수의 포기하지 않는 뚝심이 만들어 낸 또 다른 쾌거였다. 히 교수는 일흔에 가까운 지금까지도 열정적으로 연구하고 있는데, 그의 성공 스토리는 연구자를 꿈꾸는 수많은 이들에게 귀감이 될 만하다.

히 교수는 도쿄공업대학교에서 박사학위를 받고 하버드대학교에서 박사후과정 연구원으로 근무하던 당시, 한 학회에서만 혼자 10편의 논문을 제출해서 일렬로 포스터를 붙이고 발표한 일화로 유명하다. 혼자서 포스터 세션의 한 영역을 전부 차지했으니, 많은 이들이 놀라움을 금치 못했음은 물론이다. 이 사건이 있고 그 학회에서 한 연구자가 발표할 수 있는 최대 논문 수를 2편으로 제한하는 웃지 못할 일도 생겼다. 그는 이후 미국전기전자공학회$^{IEEE}$의 생체의공학 분야 회장으로 선출되기도 했는데, 중국 출신으로 일본에서 학위를 받은 그가 이렇게 미국 주류 사회에서 성공을 거두기 위해 기울인 노력은 상상 이상이다. 실제로 그가 영어로 대화하는 것을 들어보면, 사용하는 단어나 문장이 너무나 세련되고 우아해서 마치 미국 유력 정치인의 잘 짜인 연설을 듣는 것처럼 느껴질 정도다. 박사후과정을 밟을 때까지 미국에 한 번도 가본 적 없었던 빈 히 교수가 고급 사교 영어를 구사하기까지 얼마나 많은 노력을 기울였을까? 한 분야에 대한 히 교수의 끊임없는 노력과 열정은 '뇌로 움직이는 세상'을 여는 데 크게 기여하고 있다.

히 교수를 비롯한 여러 선구자들 덕분에 지금까지도 뇌파를 이용한 뇌-컴퓨터 인터페이스는 활발히 연구되고 있다. 하지만 뇌파의 해상도를 높이는 데는 한계가 있기에, 작은 물체를 집어 올리거나 기타를 연주하는 것처럼 로봇 팔을 정밀하게 제어하기는 어려운 것이 현실이다. 그래서 많은 뇌공학자들은 두개골 아래의 뇌파 신호를 이용하는 침습적인 방식도 열심히 연구하고 있다. 문제는 두개골 아래에서 뇌 신호를 측정하기 위해서는 두피와 두개골을 차례로 열고 바늘 형태의 전극을 뇌에 삽입하는 수술이 필요하다는 데 있다. 2004년부터 미국에서는 '유타 어레이$^{Utah\ Array}$'라는 이름의, 바늘 전극이 촘촘하게 배치된 미세 전극 배열microelectrode array을 대뇌 운동피질에 삽입하고 생각만으로 마우스 커서를 조작하거나 로봇 팔을 정밀하게 제어하는 연구에도 성공하고 있지만, 바늘을 꽂아 넣는 과정에서 뇌에 생기는 상처로 인해 신호의 측정 감도가 저하되거나 수술 과정에서 감염이 발생할 수 있다는 위험은 여전히 해결해야 할 문제로 남아 있다.

최근에는 이런 문제들을 해결하기 위해 몇 가지 새로운 방법이 시도되고 있다. 일례로 프랑스의 의료기기 스타트업인 클리

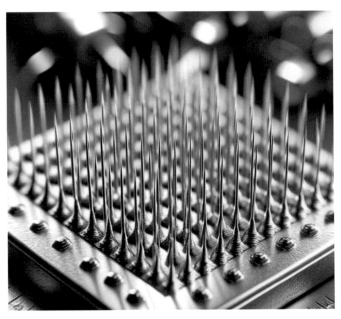

**그림 13. 침습형 뇌-컴퓨터 인터페이스에 사용되는 미세 전극 배열.**

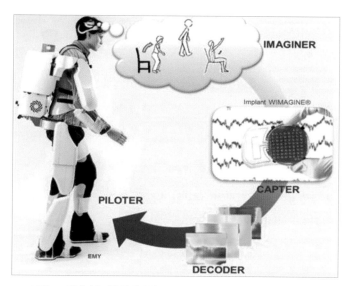

그림 14. 위매진을 이용한 착용형 로봇 제어의 개념도. (클리나텍 홈페이지)

나텍<sup>Clinatec</sup>은 위매진<sup>WIMAGINE</sup>이라는 신경 인터페이스 시스템을 개발했다. 아기 손바닥 정도의 크기를 가진 이 시스템은 두께가 사람 두개골의 두께와 비슷하고, 납작한 원통의 아랫면에는 작고 둥근 돌기가 촘촘하게 솟아 있다. 사용 원리는 간단하다. 두피를 벗기고 두개골을 위매진의 단면과 똑같은 형태로 잘라낸 다음, 이렇게 잘려 나간 두개골 위치에 위매진을 끼워 넣고 다시 두피를 덮어주면 된다. 그러면 볼록한 작은 돌기 하나하나가 그 아래의 뇌 활동을 읽어내고 몸 밖의 스마트 기기나 컴퓨터로 신호를 전송해 준다. 일종의 '인공 두개골'인 셈이다. 나는 2016년에 프랑스 그르노블의 알프스대학교에서 초청 강의를 진행한 적이 있었는데, 당시 강연장에는 다른 업무로 방문한 클리나텍 연구소장도 있었다. 강연이 끝난 뒤 아직 동물실험 단계에 있었 던 위매진을 직접 만질 수 있는 기회를 가졌는데, 그때 들었던 연구소장의 아이디어는 다소 충격적이기까지 했다. 위매진 시 스템이 뇌의 좁은 영역밖에 커버할 수 없기에 언젠가는 머리의 여러 부위에 수많은 구멍을 뚫고 여러 대의 위매진을 삽입하기 를 기대한다는 것이었다. 인간의 두개골 전체를 아예 인공 전자 두개골로 대체하겠다는 꿈이다. 실제로 2019년에 클리나텍은 사지 마비 환자의 머리에 위매진을 삽입하고 생각만으로 착용 형 로봇을 제어하는 동영상을 공개했는데, 그 환자의 머리에는 이미 2개의 위매진이 탑재되어 있었다!

침습형 신경 인터페이스 시스템 분야에서 가장 앞서나가고 있 는 회사는 2012년 호주에서 설립된 싱크론Synchron으로, 2016년 에는 스텐트로드stentrode라는 새로운 신경 인터페이스를 발표했 다. 스텐트는 혈관에 삽입되어 혈관이 좁아지고 막히는 것을 방 지하는, 금속으로 된 그물망이다. 그런데 스텐트로드는 이런 일 반적인 스텐트와는 달리 그물망 곳곳에 작은 전극이 삽입되어 있다. 원리는 간단하다. 목의 혈관을 통해 스텐트를 밀어 올리면 대뇌까지 스텐트를 이동시키는 것이 가능한데, 마찬가지 방식 으로 스텐트로드의 전극을 통해 뇌 신호를 아주 가까운 곳에서 측정하겠다는 것이다. 스텐트 시술은 이미 보편화되어 국내에 서도 아주 많이 시행되는 비교적 안전한 시술이다. 그래서 이 회

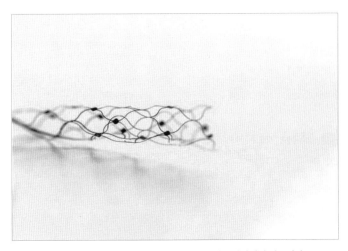

**그림 15. 스텐트로드의 형태. 그물망 사이에 있는 사각형이 전극이다.**

사도 2021년에 비교적 쉽게 미국 식품의약품안전처의 인체 대상 임상실험 허가를 받을 수 있었고, 머릿속에 스텐트로드를 삽입한 사지 마비 환자가 생각만으로 인터넷 서핑을 하는 영상을 공개해 큰 화제를 불러일으키기도 했다.

　하지만 칩습형 뇌-컴퓨터 인터페이스 분야에서 현재 가장 뜨거운 이슈 메이커는 역시나 일론 머스크의 뉴럴링크다. 뉴럴링크는 프롤로그에서 소개한 것처럼, 실의 형태로 된 전극을 수술용 로봇을 이용해 뇌의 표면에 매우 정밀하게 박음질하는 기술을 보유하고 있다. 그뿐만 아니라 전극에서 측정한 신호를 외부 기기에 전송하고 무선 충전을 가능하게 하는 '링크'라는 소형 장치를 머릿속에 삽입하는 기술도 가지고 있다. 머스크는 이 기술을 인간에게 적용하겠다는 청사진을 발표하며 가장 먼저 인공 시각을 구현하겠다고 밝혔지만, 현재 모집 중인 대상 환자에는 시각장애 환자나 청각장애 환자 이외에도 사지 마비 환자가 포함되어 있다. 뉴럴링크가 가까운 미래에 사지 마비 환자의 삶의 질을 높여줄 새로운 뇌-컴퓨터 인터페이스 기술을 선보일 것으로 기대된다.

지금까지 살펴본 것처럼, 뇌공학자들은 상대적으로 정확도가 낮지만 안전한 비침습적인 방식과 수술이 필요하지만 정밀 제어가 가능한 침습적인 방식이라는 두 가지 트랙으로 기술 개발을 진행하고 있고, 이는 환자에게 더 많은 선택지를 제공한다는 면에서 중요한 의의가 있다. 뇌공학 기술의 발전은 장애로 인해 자유로운 이동과 활동이 제한되는 많은 이들에게 희망의 불씨를 지피고 있다. '뇌' 마음대로 움직이는 세상을 만들기 위해 더 많은 관심과 지원이 필요한 이유다.

# 6 마음을 읽고 옮기는 기계

## 눈으로 타이핑하기

1990년. 동서로 나뉘었던 독일이 예고 없이 갑작스럽게 통일을 하고, 무패 가도를 달리던 천재 복서 마이크 타이슨이 제임스 더글러스와의 '세기의 대결'에서 참패를 당한, 그리고 한국 축구 국가대표팀이 이탈리아 월드컵에서 어김없이 조별리그 탈락의 고배를 마신 해다. 당시 나는 그 누구도 피해 갈 수 없다는 이른바 '중2병'에 걸려 있었고, 무슨 이유에서인지 모아둔 용돈을 모두 털어서 스티븐 호킹Stephen Hawking의 『시간의 역사A Brief History of Time』라는 책을 샀다. 돌이켜 보면 중학생이 읽기에 상당히 어려운 책을 굳이 찾아 읽었던 것은, 등굣길 버스 안에서 멋들어진 표지의 책을 꺼내 들고 '고고한 지성'을 과시하고 싶었거나 우주와 시간의 본질을 파헤칠 수 있으리라 믿었던 지적 자만심의 발로였던 것 같다.

30년이 훌쩍 지난 지금, 오래된 만큼 책 내용은 거의 기억이 나지를 않지만 '스티븐 호킹'이라는 물리학자의 이름은 꽤 오랜 시간 뇌리에 남았던 듯하다. 인터넷이 발달하지 않았던 당시에는 호킹 박사가 루게릭병이라는 끔찍한 뇌 질환을 앓고 있으며 미약하게나마 움직일 수 있는 두 손가락을 이용해 문자를 하나하나 선택해 가며 힘겹게 글을 썼다는 사실을 전혀 알지 못했다. 루게릭병이 대뇌 및 척수의 운동 신경세포가 파괴되어 생기는 병이며 시간이 지남에 따라 운동 기능을 상실해 결국은 인공 호흡기의 도움 없이는 자발적인 호흡마저 불가능해지는 끔찍한 질병이라는 사실을 알게 된 것도 뇌-컴퓨터 인터페이스 연구를 시작하고 나서였다.

미국 메이저리그 야구에서 2,130경기 연속 출장 기록을 보유한 전설적인 야구 선수 루 게릭Lou Gehrig이 앓았기에 '루게릭병'으로 더 많이 알려져 있지만, 이 질환의 정식 명칭은 근위축성측색경화증amyotrophic lateral sclerosis, ALS이다. 루게릭병은 시간이 지남에 따라 증상이 계속 심해지며 다시 좋아지지 않는 대표적인 퇴행성 뇌 질환으로, 증상이 나타나고 약 2년이 지나면 환자는 전신의 근육이 마비되어 의사소통조차 어려운 상태가 된다. 특이한 사실은 호흡을 담당하는 근육이 마비되어 자가 호흡이 어려워진 상태에서도 거의 대다수가 눈동자만큼은 움직일 수 있다는 점이다. 아직 이에 대한 명확한 원인이 밝혀지지는 않았지만, 눈동자의 움직임과 관련된 운동 신경세포에 많이 포함된 GUCY1A3와 같은 특정 단백질이 루게릭병의 진행을 억제하는 것으로 보인다. 따라서 말기 루게릭병 환자가 의사소통을 할 수 있는 거의 유일한 방법은 눈동자의 움직임을 추적하는 것뿐이다.

눈동자의 움직임을 추적하는 기술은 이미 개발되어 있다. '안구 마우스eyeball mouse'라고 불리는 장치를 이용하면 된다. 일반적인 다른 포유류의 눈과 달리, 인간의 눈은 흰 바탕의 공막에 짙은 색의 동공을 갖고 있다. 공막은 흰색이라 짙은 색의 동공과 구별하기 쉽다. 반면 사자나 고양이, 개의 눈을 보면 공막이 짙은 색을 띠고 있어 동공과 공막을 구별하기 어렵다는 것을 알수 있다. 야생에서 사냥할 때 시선이 어느 곳을 향하는지 사냥감이 알아채기 어려워야 사냥에 더 유리하기에 이처럼 진화했다는 설명이 있는데, 이는 충분히 설득력 있다. 인간도 진화 과정의 대부분을 사냥을 하며 살아왔지만, 다른 포유류에 비해 신체적 능력이 떨어진다는 단점을 보완하기 위해 여럿이서 힘을 모아 사냥에 나서고는 했다. 1만 년 전, 어느 초원에서 한가로이 풀을 뜯고 있는 사슴 한 마리 주위로 돌도끼를 든 한 무리의 신석기인들이 포위망을 좁혀가는 모습을 상상해 보자. 그들은 말을하지 않고도 서로 눈빛만을 주고받으며 각자가 나아가야 할 방향과 적절한 공격 타이밍에 대한 정보를 교환할 수 있다. 진화적으로 볼 때, 짙은 공막을 가짐으로써 동료에게 자신의 시선 방향을 알려줄 수 없는 사람보다 흰색 공막을 가진 사람이 생존에 더 유리했을 것임에 틀림없다. 이처럼 인류의 생존을 위해 진화된 흰색 바탕의 검은색 눈동자는 카메라로 눈동자의 움직임을 추적하는 오늘날의 기술을 가능하게 했다.

안구 추적의 원리는 비교적 간단하다. 먼저 카메라를 이용해 눈 주위를 촬영하고 짙은 색은 검은색으로, 연한 색은 흰색으로 바꾸어 준다. 이런 영상을 이진 영상binary image이라고 한다. 쉽게 말해 흑백 영상이라고 할 수 있다. 이진 영상에서 눈동자는 검은색으로, 주변 공막은 흰색으로 변환되는데, 이러한 영상에서 검은색 눈동자를 찾아내는 것은 그리 어려운 일이 아니다. 일단 눈동자의 위치를 찾고 나면 남은 일은 시시각각 변하는 눈동자의 위치를 추적하는 것뿐이다. 눈동자의 현재 위치 정보를 컴퓨터로 전달하면, 컴퓨터 마우스로 커서를 조작하듯이 눈동자를 움직여 커서를 조작하는 것도 가능하다. 물론 키보드를 대신해 안구 마우스로 타이핑하는 것도 가능하다. 실제로 많은 루게릭병 환자들이 안구 마우스로 외부와 소통하고 있다.

그런데 카메라를 이용하는 안구 마우스에도 단점이 있다. 우선 카메라가 눈 바로 앞에 놓여 있어야 하기에 사용자의 시야를 가린다. 눈을 제외한 전신이 마비된 중증 루게릭병 환자는 대부분의 시간을 텔레비전을 시청하며 보낸다. 눈앞에 있는 카메라는 분명 거슬리는 존재다. 이뿐만이 아니다. 깊은 밤 어두운

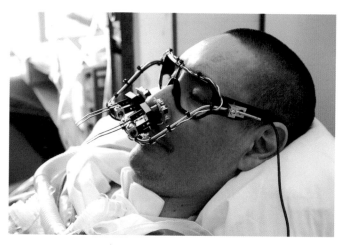

그림 16. 아이라이터<sup>EyeWriter</sup>라는 카메라 기반의 안구 마우스 시스템. 사지 마비 상태의 토니 쿠안이라는 그래피티 아티스트를 위해 만들어진 저가형 웨어러블 안구 마우스 시스템으로, 2009년에 발표되었다.

곳에서는 조명 없이 흰자위와 동공을 서로 구별할 수 없다. 또한 안구 마우스를 사용할 때마다 영점 조정<sup>calibration</sup>이라는 번거로운 작업이 필요하다. 이런 단점을 해결하기 위해 안구전도<sup>electrooculogram, EOG</sup>라는 생체 신호 기반의 안구 마우스도 개발되고 있다.

인간의 안구는 신기하게도 앞쪽은 양의 전하를 띠고 있고 뒤쪽은 음의 전하를 띠고 있다. 이 같은 현상은 수정체 내부의 점성을 띤 유체의 흐름과 관련 있을 것이라고 여겨진다. 따라서 우리가 눈동자를 움직이는 것은 앞면과 뒷면이 서로 다른 전하를 띠는 구체가 회전하는 것으로 볼 수 있다. 우리 눈의 바로 위와 아래에 한 쌍의 전극을 붙인 다음 두 전극 사이의 전위차^potential ^difference, 즉 전압을 측정한다고 가정해 보자. 우리가 위를 쳐다보면 양의 전하가 위쪽 전극과 가까워지기 때문에, 위의 값에서 아래 값을 뺀 전위차는 양의 값을 갖게 된다. 반대로 아래를 쳐다보면 전위차는 음의 값을 갖는다. 마찬가지로 눈의 오른쪽과 왼쪽에 한 쌍의 전극을 부착하면 눈동자가 오른쪽, 왼쪽으로 움직일 때 양의 전위차, 음의 전위차가 발생한다.

그렇다면 두 쌍의 전극을 눈의 위와 아래, 왼쪽과 오른쪽에 모두 붙인 다음 전위차를 측정한다면 어떨까? 그렇다. 우리 눈동자가 어느 곳을 바라보고 있는지를 알아낼 수 있다. 2017년에 우리 연구실에서는 이런 방식으로 측정한 안구전도 신호를 실

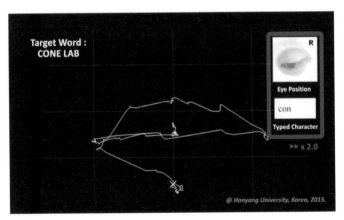

그림 17. 우리 연구실에서 개발한 안구전도 기반의 눈글 인식 시스템. 눈으로 영문자 'e'를 쓰고 있다.

시간으로 분석함으로써 눈동자의 움직임을 추적하는 안구 마우스를 만든 다음, 눈으로 특정한 글자를 타이핑할 수 있는 '눈글 인식 시스템'을 개발하기도 했다. 개발한 시스템을 루게릭병 환자에게 적용해 의사소통 수단으로서의 가능성을 확인했음은 물론이다.

## 뇌파로 타이핑하기

눈은 루게릭병 환자들이 마지막까지 움직일 수 있는 신체 부위이지만, 증상이 더 심각해지면 눈동자를 움직이는 것조차도 어려워진다. 많은 경우에 여전히 앞을 볼 수 있더라도 눈동자의 움직임이 느려지고 눈을 깜빡이는 것도 힘겨워진다. 이런 환자들은 더 이상 안구 마우스로 세상과 소통할 수 없게 된다. 이제 이들이 세상과 소통할 수 있는 유일한 방법은 바로 자신의 뇌를 이용하는 것뿐이다.

최근에는 뇌파를 이용해 생각만으로 타이핑할 수 있는 뇌-컴퓨터 인터페이스 기술이 개발되고 있다. 이런 기술은 흔히 '마음 타자기mental speller'라고 불린다. 마음 타자기를 구현하는 방법에는 여러 가지가 있는데, 가장 널리 사용되는 방식은 P300과 SSVEPsteady-state visual evoked potential, 즉 정상상태 시각유발전위라는 특수한 뇌파를 이용하는 뇌-컴퓨터 인터페이스다.

P300에 대해서는 이미 1장에서 소개한 바 있다. 원리는 간단

하다. 예를 들어, A, B, C, D의 네 문자가 화면에 나타나 있다고 가정해 보자. 4개의 문자는 서로 다른 타이밍에 한 번씩 무작위 순서로 깜빡인다. A라는 문자를 타이핑하고 싶다면 그저 문자 A를 쳐다보고 있기만 하면 된다. P300이라는 뇌파는 기다리는 자극이 나타날 때 발생하기 때문에, A가 깜빡이면 P300이 발생한다. 하지만 B, C, D가 깜빡일 때는 (기다리는 자극이 아니기에) P300이 발생하지 않는다. 컴퓨터는 각 문자가 깜빡이는 타이밍을 정확히 알고 있기 때문에, 어떤 문자가 깜빡일 때 P300이 발생했는지 알아내면 사용자가 어떤 문자를 쳐다보고 있는지를 알아낼 수가 있다.

SSVEP를 이용하는 마음 타자기는 원리가 더 간단하다. 우리 대뇌의 시각피질은 반복적으로 깜빡이는 시각 자극을 볼 때 그 깜빡임 주파수와 동일한 주파수를 지닌 뇌파를 만들어 낸다. 예를 들어, 4헤르츠의 주파수로 깜빡이는 시각 자극을 쳐다보면, 시각피질이 위치한 후두엽에서 4헤르츠의 뇌파가 증가한다. 따라서 A, B, C, D의 문자 4개를 서로 다른 주파수로 깜빡이게 한 다음 후두엽에서 측정한 뇌파를 분석해서 어떤 주파수 성분이 증가하는지를 알아내면, 사용자가 어떤 문자를 바라보고 있는지를 알아낼 수 있다.

SSVEP를 이용하는 마음 타자기는 P300보다 빠르고 정확하지만, 오랜 시간 사용하면 눈이 쉽게 피로해진다는 단점이 있다. 하지만 우리 연구팀을 비롯한 여러 연구 그룹에서 눈이 덜 피로

그림 18. 우리 연구실에서 개발한 SSVEP 기반 마음 타자기의 사용 장면. 30개의 서로 다른 주파수로 깜빡이는 LED를 이용해 쿼티QWERTY 자판을 구현했다.

한 시각 자극을 쓰고도 높은 정확도를 얻어낼 수 있는 최신 신호처리 기술을 개발함으로써 이 같은 문제를 상당 부분 해결했다. 한편, 딥 러닝을 비롯한 인공지능 기술의 발전에 힘입어 안구 마우스를 이용한 의사소통 시스템보다 빠르고 정확한 마음 타자기를 만드는 것도 가능해졌다.

2018년에 유명을 달리한 스티븐 호킹은 말년에 손가락의 움직임이 무뎌져 의사소통에 더 큰 어려움을 겪은 것으로 알려져 있다. 당시 미국의 한 스타트업이 뇌파를 이용해 호킹 박사의 의사소통을 도와주는 시스템을 개발하겠다고 발표했는데, 안타깝게도 개발이 지연되어 호킹 박사가 실제로 그 시스템을 사용하지는 못했다.

일상에서 자연스럽게 의사 표현을 할 수 있는 우리 대부분은 의사소통의 소중함을 잘 느끼지 못하지만, 그 능력을 상실한 이들에게는 자유로운 의사 표현 능력이 너무나도 절실하다. 현재의 마음 타자기는 가격이 비쌀 뿐만 아니라 착용하기 불편해 대중성이 떨어진다. 오늘도 실험실에서 밤을 지새워 연구하는 뇌공학자들의 노력이 하루빨리 결실을 맺어 더 많은 이들이 마음 타자기를 쓰는 날이 오기를 기대한다.

# 7 잃어버린 몸을 찾아서

## 역사상 가장 감동적인 골

오로라^Aurora의 입에는 길고 가느다란 빨대가 물려 있고, 그녀의 눈앞에는 이제는 찾아보기도 힘든 CRT 모니터가 하나 놓여 있다. 오로라의 오른손에는 컴퓨터게임에서나 쓰일 법한 조이스틱이 쥐어져 있다. 그녀가 조이스틱을 움직이자 모니터 화면의 작고 동그란 커서가 움직인다. 커서가 화면 위의 둥근 타깃에 다다르면 빨대에서는 한 방울의 달콤한 '브라질산 오렌지 주스'가 나온다. 그러면 기존의 타깃은 사라지고 새로운 위치에 타깃이 나타난다. 실험은 오로라가 오렌지 주스를 1,000번 받아 마시면 끝이 난다.

오로라의 머리 윗부분에는 기다란 케이블이 달려 있고, 이 케이블은 다시 직육면체 모양의 투박한 기계에 연결되어 있다. 오로라가 조이스틱으로 커서를 움직일 때마다 그녀의 대뇌피질 운동영역에 삽입된 100여 개의 미세 전극은 신경세포가 만들어 내는 신호를 측정해 직육면체 기계로 전송한다. 오로라가 1,000번의 시도에서 970번의 성공을 거두었을 때, 조이스틱과 컴퓨터를 연결하고 있던 케이블이 제거된다. 물론 그녀는 이 사실을 전혀 모른다. 오로라는 이전과 똑같이 조이스틱을 조작했고, 놀랍게도 조이스틱의 케이블이 제거된 뒤에도 화면의 커서는 타깃 방향으로 움직였다. 다시 말해, 오로라가 케이블이 끊긴 조이스틱을 움직일 때마다 오로라의 대뇌 운동피질에서 측정되는 신경 신호만을 이용해 커서를 움직인 것이다.

그렇다. 눈치 빠른 독자들은 이미 알아챘겠지만 그녀는 인간이 아니다. 오로라는 뇌-컴퓨터 인터페이스 분야의 또 다른 개척자인 미겔 니코렐리스Miguel Nicolelis 듀크대학교 교수가 애지중지한 올빼미원숭이다. 니코렐리스 교수는 2011년에 출간한 그의 저서 『뇌의 미래Beyond Boundaries』에서 2000년 당시 오로라를 대상으로 진행한 뇌-컴퓨터 인터페이스 실험에 대해 자세히 소개했는데, 나는 수십 쪽을 넘기고 나서야 오로라가 원숭이라는 사실을 알아챘다. 니코렐리스 교수는 그의 책에서 오로라를 자신과 많은 시간을 함께한 '동료 여성 연구원'처럼 묘사하고는 했는데, 실제로 유인원을 대상으로 뇌-컴퓨터 인터페이스 실험을 하는 연구자들은 실험 원숭이를 단순한 실험동물로 여기지 않고 대체로 연인이나 친구보다도 더 친근한 존재로 생각한다.

오로라가 케이블이 제거된 조이스틱으로 화면의 커서를 자유롭게 움직일 수 있게 된 날로부터 4주의 시간이 흘렀다. 그녀는 이제 조이스틱을 쓰지 않고도 화면의 커서를 마음먹은 대로 움직여 달콤한 오렌지 주스를 받아 마시게 되었다. 이런 '마법'과도 같은 일이 가능했던 비결은 무엇일까? 뇌-컴퓨터 인터페이스 기술은 쉽게 말해 우리가 일상에서 즐겨 쓰는 스마트폰의 지문 인식 기술과 비슷하다. 지문 인식으로 스마트폰의 잠금을 해제하거나 웹사이트에 로그인하려면 먼저 사용자의 지문을 스마트폰에 등록하는 과정이 필요하다. 지문 인식 센서에 닿는 손가락 부위는 매번 달라지기 때문에, 보통 5회에서 10회 정도 지문을 여러 차례 등록한다. 지문 등록이 완료되고 나면, 입력된 지문과 저장된 지문의 패턴을 비교해서 사용자가 누구인지 알아낼 수 있다. 오로라가 (케이블이 연결된) 조이스틱을 이리저리 움직일 때, 대뇌 운동영역에서 발생하는 신경신호는 조이스틱의 방향과 속도에 관한 정보와 함께 데이터베이스의 형태로 저장된다. 일종의 '뇌의 지문'을 등록하는 과정이라고 보면 된다. 일단 데이터베이스만 완성되면, (조이스틱의 케이블이 끊어진 상태에서도) 시시각각 측정되는 신경신호만을 이용해 조이스틱의 방향이나 속도를 예측하는 것이 가능하다.

미국에서 박사후과정 연구원으로 일하던 2005년도에 미네소타주립대학교를 방문한 니코렐리스 교수의 강연을 들을 기회가 있었다. 강연을 듣기 전 나는 오로라의 실험에 아주 복잡한 알고리즘이 사용되었을 것이라고 예상했었는데, 의외로 너무나도 단순한 방법이 사용되어 깜짝 놀란 기억이 난다. 신경신호로부터 조이스틱의 방향과 속도를 예측하기 위해서는 조이스틱의 움직임과 신경신호 사이의 관계를 수식으로 나타내야 한다. 이 때 니코렐리스 교수 연구팀은 다중 선형 회귀multiple linear regression라는 방법을 사용했는데, 이 방법은 두 변수 사이의 관계를 직선으로 근사하는 가장 간단한 수학적 추정 방법이다. 이런 간단한 방법으로도 오로라의 의도를 읽어낼 수 있었던 비결은 손의 움직임에 관여하는 신경세포가 아주 잘 분업화되어 있기 때문이다. 다시 말해, 손을 위로 움직일 때와 아래로 움직일 때 대뇌 운동영역에서 활동하는 신경세포가 서로 다르기 때문에 신경신호의 패턴을 분석해 손의 움직임을 어렵지 않게 예측할 수 있었던 것이다.

니코렐리스 교수는 오로라를 대상으로 진행한 실험의 결과를 2000년 《네이처》에 발표하고 그로부터 3년 뒤에 영장류를 대상으로 생각만으로 로봇 팔을 제어하는 실험에 성공하면서, 뇌에 전극을 이식하는 뇌-컴퓨터 인터페이스 분야의 선구자로 우뚝 서게 되었다. 브라질에서 나고 자란 니코렐리스 교수는 브라질 최고 명문 대학인 상파울루대학교에서 학사학위와 박사학위를 받았다. 그는 자신이 졸업한 상파울루대학교에서 조교수로 근무하다, 미국 하네만대학교를 거쳐 1994년부터 미국의 또 다른 명문 대학인 듀크대학교의 교수로 일하고 있다.

니코렐리스 교수는 뼛속까지 브라질인이다. 자신의 조국인 브라질을 사랑하는 그는 미국 대학교의 교수가 된 후에도 고국에 뇌과학 연구 기관을 2개나 설립했고, 1년 중 절반에 가까운 시간을 브라질에서 보낸다. 그는 여느 브라질 사람들이 그러하듯이, 자타가 공인하는 축구광이기도 하다. 특히 그는 브라질의 명문 클럽인 SE 파우메이라스의 열렬한 팬으로도 알려져 있다. 2006년에는 꽤나 격식을 따지는 잡지의 인터뷰에 파우메이라스의 유니폼을 입고 등장해 화제가 되기도 했다.

그런 그가 조국에서 개최되는 2014년 브라질 월드컵을 그냥 지나칠 수는 없었을 것이다. 그는 월드컵 개막식에서 하지 마비 환자가 착용형 로봇을 입고 뇌-컴퓨터 인터페이스 기술을 이용해 시축하는 시나리오를 떠올렸고 곧바로 실행에 옮겼다. 월드컵이 개막하기 1년 반 전, 니코렐리스 교수와 뜻을 함께하는 25개국의 156명 연구자들이 〈다시 걷기 프로젝트Walk Again Project〉라는 글로벌 프로젝트를 출범시켰다. 곧이어 수십 명에 달하는 하지 마비 환자 지원자도 모았다. 여러 가지 메디컬 테스트를 통해 후보자를 3명으로 좁히고, 최종적으로는 29세의 줄리아누 핀투 Juliano Pinto라는 청년을 시축자로 선정했다. 핀투는 척수신경이 손상되는 사고로 인해 가슴 아래부터 발끝까지 전혀 움직일 수 없는 상태였다.

핵심 원리는 간단하다. 뇌의 운동피질에서 발생하는 뇌파를 분석해 핀투가 다리를 움직이고자 하는 의도를 읽어내면 된다. 다리를 움직이는 상상을 '운동 심상'이라는 용어로 부른다고 1장에서 설명한 바 있다. 물론 핀투가 다리 운동 심상을 할 때 어떤 패턴의 뇌파가 발생하는지에 대한 데이터베이스는 미리 만들어 두어야 한다. 지문 인식 때처럼 말이다. 이후 실시간으로 뇌파를 측정하며 데이터베이스에 저장된 뇌파 패턴과 유사한 패턴의 뇌파가 발생하면 로봇의 다리가 움직인다.

원리는 단순해 보이지만 구현은 쉽지 않다. 하긴, 구현하기 쉬웠다면 전 세계 156명의 연구자가 필요했을 리도 없지 않겠는가? 니코렐리스 교수가 시도한, 운동 심상을 인식하는 뇌-컴퓨터 인터페이스 방식은 전문용어로 '비동기적 뇌-컴퓨터 인터페이스asynchronous BCI'라고 한다. 피실험자가 팔이나 다리에 대한 운동 심상을 시작하는 시점을 알고 있을 때 그가 팔을 움직이려고 하는지 아니면 다리를 움직이려고 하는지 등을 알아내는 방식은 '동기적 뇌-컴퓨터 인터페이스synchronous BCI'라고 하는데, 이 방식은 정해진 선택지들 가운데 하나만 선택하면 되는 것이기에 비교적 그 난도가 낮다. 하지만 비동기적 뇌-컴퓨터 인터페이스에서는, 다리에 대한 운동 심상을 갖지 않을 때도 운동피질 부근에서 비슷한 뇌파가 발생할 수가 있기 때문에 정확도가 떨어질 수밖에 없다. 사실 강연을 다닐 때도 이와 관련된 질문을 많이 받는다. "뇌-컴퓨터 인터페이스를 이용하다가 갑자기

다른 생각을 하면 어떻게 되나요? 착용하고 있는 로봇 팔다리가 제멋대로 움직이는 것 아니에요?"

실제로 비동기적 뇌-컴퓨터 인터페이스를 구현할 때 겪게 되는 가장 큰 어려움이 바로 이런 문제다. 니코렐리스 교수가 이끄는 다국적 연구팀은 이 문제를 해결하기 위해 최신 기계학습 machine learning 알고리즘과 신호처리 기술을 도입했다. 그럼에도 뇌-컴퓨터 인터페이스 분야의 경험 많은 연구자들이라면, 어느 누구도 이 기술이 100퍼센트에 가까운 정확도로 작동할 것이라고 기대하지 않았다. 지문과 달리 사람의 뇌파는 다양한 외부 요인의 영향을 받기 때문이다. 10만 명의 관중이 운집한 경기장에서 핀투는 평소와 달리 더 긴장할 수도 있고, 떨리는 마음에 전날 밤 잠을 설칠 수도 있다. 그런데 이런 미묘한 차이도 뇌에서 발생하는 뇌파에는 큰 영향을 미칠 수 있다.

뇌-컴퓨터 인터페이스 연구자로서 나 역시 이 실험이 뇌-컴퓨터 인터페이스의 가능성을 전 세계에 보여주는 상징성을 가지고 있음을 잘 알기에 긴장되기는 마찬가지였다. 물론 연구를 이끈 니코렐리스 교수에는 비할 바가 아니겠지만 말이다. 나는 평소 잠이 많은 편인데, 2014년 6월 13일 새벽 3시에 개최되는 개막식을 생중계로 보기 위해 이날만은 수면을 포기한 채 뜬눈으로 밤을 지새웠다. 드디어 핀투가 멋진 외골격 로봇을 착용하고 경기장에 모습을 드러냈다. 머리에는 뇌파 전극이 주렁주렁 달린 모자를 뒤집어쓰고 밝은 미소를 띠고 있었다. 그런데 핀투가 앞에 놓인 축구공을 발로 차려는 바로 순간, 월드컵 역사상 최악의 방송 사고가 발생했다. 핀투를 비추고 있던 카메라가 갑자기 엉뚱한 곳을 비추는 것이 아닌가! 나는 두 눈을 의심했다. 잠시 후, 다시 제자리로 돌아온 카메라는 손을 흔들며 환하게 웃는 핀투의 모습을 비추었다. 언론에서는 이 방송 사고를 크게 다루지 않았다. 새벽 시간이라 생중계로 개막식을 시청한 한국 사람이 많지 않아 국내에서는 큰 이슈가 되지는 않았지만, 뇌-컴퓨터 인터페이스를 전 세계에 알리기 위한 1년 반의 프로젝트가 현지 중계진의 실수로 한순간에 물거품이 되는 장면은 나에게는 아직까지도 생생한 기억으로 남아 있다.

당시 브라질 중계진이 단순한 실수를 한 것이라고 생각했지만, 나는 시간이 지나 "혹시라도 핀투가 실수로 공을 차지 못할 것을 우려한 나머지 고의적으로 카메라를 돌린 것이 아닐까?"라는 의심까지 갖게 되었다. 그도 그럴 것이 현재까지 보고된 비동기적 뇌-컴퓨터 인터페이스의 최대 정확도가 90퍼센트에 그치기 때문이다. 시축하는 결정적인 순간에 10퍼센트의 확률로 실패하게 된다면? 오히려 이슈가 되지 않는 편이 뇌-컴퓨터 인터페이스 분야에는 더 큰 이득일지도 모른다. 물론 이런 가정은 전혀 근거 없는 나의 추측일 뿐이다. 결과적으로 핀투의 시축은 대성공으로 막을 내렸고, 월드컵 역사상 가장 감동적인 시축으로 남았다.

〈다시 걷기 프로젝트〉 이후에도, 니코렐리스 교수 연구팀은 다양한 기술을 개발하며 뇌-컴퓨터 인터페이스 분야를 이끌고 있다. 얼마 전 60세를 넘긴 그는 뇌로 움직이는 세상을 만들기 위해 여전히 미국과 브라질을 넘나들며 연구에 남은 열정을 불사르고 있다. 그가 아끼는 파우메이라스의 유니폼을 입고서.

## 뇌파로 움직이는 자동차

대학교수 생활을 하다 보면 다른 분야의 연구자들을 만나 이야기를 나눌 기회가 자주 생긴다. 지금은 일론 머스크의 뉴럴링크가 이슈로 떠오르면서, 뇌과학과 거리가 있는 연구자들도 뇌-컴퓨터 인터페이스에 대해 한 번쯤은 들어보았다고 말한다. 하지만 뇌-컴퓨터 인터페이스라는 분야가 잘 알려지지 않은 10년 전만 하더라도, 이 분야를 연구한다고 이야기할 때 가장 많이 듣던 말이 바로 "와! 그러면 이제 핸들을 잡지 않고도 생각만으로 자동차를 운전할 수 있겠네요"라는 반응이었다. 나는 이런 질문을 받을 때마다 이렇게 대답하고는 했다. "팔다리가 멀쩡하다면 굳이 생각만으로 운전할 필요가 있을까요?"

그런데 수년 전, 우리나라의 모 타이어 회사에서 뇌파로 자동차를 제어하는 광고를 대대적으로 내보낸 적이 있었다. 광고를 본 이들이 생각만으로 자동차를 운전할 수 있다는 '오해'를 갖게 하기에 충분했다. 하지만 실제로는 뇌파로부터 집중력을 읽어내 콘셉트 카의 속도를 단순 조절해 주는 일종의 뉴로피드백 시스템이었다. 그렇다면 생각만으로 자동차를 제어하는 것은 불가능한 일일까?

결론부터 말하자면, 충분히 가능하다. 하지만 이 기술이 실제 자동차 운전에 적용될 가능성은 제로에 가깝다. 차량 운전에서는 정확도와 신뢰도가 가장 중요한데, 단 1퍼센트의 오차도 큰 사고로 이어질 수 있기 때문이다. 뇌-컴퓨터 인터페이스 알고리즘이 꾸준히 발전해 100퍼센트의 정확도를 지닌 시스템을 구현했다고 하더라도, 운전하는 내내 집중을 유지하지 않으면 안 된다. 옆 사람과 대화를 하거나 내비게이션을 쳐다보는 것만으로도 치명적인 사고를 유발할 수 있기 때문이다. 최근 여러 자동차 제조사에서 생각만으로 자동차를 제어하는 기술을 선보이고 있는데, 이런 기술들은 그저 과시용일 뿐이라고 생각해도 틀리지 않다.

그럼에도 '뇌' 마음대로 움직이는 자동차를 만드는 것은 매력적인 소재임에는 틀림없다. 2018년, 일본의 자동차 제조사인 닛산<sup>Nissan</sup>은 B2V<sup>brain-to-vehicle</sup>라는 개념을 소개했다. 이름만 보면 뇌로 자동차를 제어하는 것처럼 보이지만, 닛산의 전략은 조금 독특하다. 우리 뇌는 몸보다 더 빠르게 반응한다. 뇌파를 측정하는 동안 팔을 움직이면, 우리 뇌에서는 실제 팔이 움직이기 수백 밀리초에서 1초 전에 '준비 전위<sup>readiness potential</sup>'라는 뇌파가 관찰된다. 준비 전위는 그 이름처럼 우리의 뇌가 팔을 움직일 것이라는 사실을 미리 알고 준비하는 과정이 뇌파에 반영되는 것이다. 만약 자동차 운전자의 뇌파를 계속해서 측정한다면, 준비 전위로부터 핸들을 꺾어 방향을 바꾸거나 브레이크 페달을 밟아 급정거하려는 의도도 미리 알아챌 수 있지 않을까? 닛산의 시스템은 이처럼 운전자의 뇌파로부터 급회전이나 급정거 의도를 미리 알아내, 보다 부드러운 주행을 가능하게 하거나 사고를 미연에 방지하는 것을 목표로 한다.

문제는 크고 복잡한 뇌파 측정 장치다. 닛산의 시스템은 아직 실험실 안의 차량 시뮬레이터를 벗어나지 못하고 있다. 운전자의 머리에는 뇌파 측정을 위한 전극 캡(모자)이 쓰여 있고, 수많은 뇌파 전극들이 주렁주렁 매달려 있다. 하지만 실제 운전자가 탑승할 때마다 이런 뇌파 측정 시스템을 머리에 뒤집어쓸 리는 없지 않겠는가.

물론 최근에는 간편하게 착용 가능한, 헤드밴드headband 형태나 이어버드ear-bud 형태의 뇌파 측정기도 출시되고 있다. 하지만 자동차 업계에서는 이마저도 부정적인 시선으로 바라보는데, 운전자가 어떤 형태든 머리에 무언가를 착용하는 것 자체를 불편해할 것이라고 예상하기 때문이다. 뇌-컴퓨터 인터페이스 기술이 자동차에 적용되기 위해서는 불편함을 감수하면서도 이 기술을 꼭 써야만 하는 '킬러 애플리케이션'이 먼저 개발되어야 하지 않을까?

## 급속도로 발전하는 침습적 BCI

뇌파로부터 사용자의 의도를 읽어내 냉장고나 티비와 같은 주변 기기를 제어하거나 사지 마비 환자가 휠체어나 로봇 팔 등을 제어하는 연구는 지난 20년간 전 세계의 수많은 연구소에서 진행되었다. 하지만 침습적인 방식의 뇌-컴퓨터 인터페이스 연구자들 가운데 뇌파를 이용한 뇌-컴퓨터 인터페이스 연구에 부정적인 견해를 갖고 있는 경우도 적지 않다. 일단 낮은 정확도는 차치하더라도, 사지의 움직임이 불편한 이들이 번거롭게 뇌파 측정 장비를 착용하는 것 자체가 말이 안 된다는 것이다.

앞서 소개한 일론 머스크의 뉴럴링크나 싱크론의 스텐트로드 같은 기술이 더욱 발전해 뇌 안에 칩을 삽입하는 수술이 대중화된다면, 뇌파로 주변 기기를 제어하는 것을 목표로 하는 연구는 사실상 불필요해질 것이다. 머릿속에 전극을 이식할 수만 있다면, 더 높은 정확도로 로봇 팔이나 휠체어를 제어하는 것이 가능하기 때문이다. 침습적 뇌-컴퓨터 인터페이스도 상당히 오랜 역사를 갖고 있는데, 인간을 대상으로 하는 침습적 뇌-컴퓨터 인터페이스는 이미 2004년에 개발된 바 있다. 바로 미국 브라운 대학교 신경과학과의 존 도너휴John Donoghue 교수 연구팀의 사례로, 그들은 치명적인 사고로 목 아래 부위의 신경 연결이 끊어진 전직 미식축구 선수 매튜 네이글Matthew Nagle의 대뇌 운동피질에 바늘 형태의 전극 96개가 배열된 칩을 삽입하고 생각만으로 마우스 커서를 움직이게 하는 데 성공했다.

도너휴 교수의 연구팀이 사용한 방법은 앞서 소개한 듀크대학교의 미겔 니코렐리스 교수가 원숭이를 대상으로 한 실험에서 사용한 방법과 동일하다. 니코렐리스 교수는 사람의 말을 알아듣지 못하는 원숭이를 대상으로 실험했기에 원숭이에게 조이스틱을 움직이게 하며 신경신호를 측정했지만, 의사소통이 가능했던 네이글은 조이스틱을 쓸 필요가 전혀 없었다(물론 사지 마비 상태였기 때문에 조이스틱을 움직일 수도 없었다). 네이글은 조이스틱을 움직이는 대신 조이스틱을 잡은 손을 위아래, 왼쪽 오른쪽으로 움직인다고 상상했고, 그럴 때마다 그의 신경신호는 데이터베이스에 저장되었다. 이렇게 측정된 신경신호는 앞서 설명한 지문 인식 과정과 비슷한 과정을 거쳤고, 연구진은 이를 통해 네이글의 의도를 실시간으로 읽어 들였다.

도너휴 교수는 1976년에 브라운대학교에서 박사학위를 취득하고, 미국 국립보건원NIH에서 박사후 연구원으로 일하면서 단일 신경세포의 활동을 읽어내고 동물의 행동과 연관 짓는 연구를 진행했다. 하지만 인간의 뇌는 개별 신경세포가 따로 동작하는 것이 아니라 여러 신경세포가 동시에 상호작용 하며 활동하기 때문에, 도너휴 교수는 이내 한계에 부딪힐 수밖에 없었다. 1980년대, 브라운대학교에서 자신의 연구실을 갖게 된 도너휴 교수는 여러 지점에서 동시다발적으로 발생하는 뇌의 활동을 연속적으로 읽어낼 수 있는 방법을 연구하기 시작했고, 이 연구는 훗날 뇌-컴퓨터 인터페이스 연구로 이어졌다. 도너휴 교수는 2004년에 브레인게이트BrainGate라는 뇌-컴퓨터 인터페이스 스타트업을 설립하기도 했는데, 이 회사는 일론 머스크의 뉴럴링크보다 무려 13년이나 앞서 설립된 것이다. 브레인게이트는 이름 그대로 뇌에 설치한 '문'을 의미한다. 브레인게이트를 통해 인간의 뇌와 세상을 연결하겠다는 그의 의지가 엿보이는 작명이다. 신경세포와 세상을 연결하겠다는 뜻을 지닌 '뉴럴링크'와도 매우 흡사하다.

도너휴 교수 연구팀은 이후에도 여러 명의 사지 마비 환자를 대상으로 실험을 지속했고, 2012년에는 마우스 커서를 조작하는 데서 더 나아가 생각만으로 로봇 팔을 제어하는 것에도 성공했다. 이 무렵 미국 피츠버그대학교에는 또 다른 침습형 뇌-컴퓨터 인터페이스 연구자가 있었는데, 바로 신경과학센터 Neuroscience Center 센터장인 앤드루 슈워츠Andrew Schwartz였다. 슈워츠 교수는 운동피질뿐만 아니라 전운동피질premotor cortex에도 전극 배열을 삽입하고, 무려 아홉 가지 서로 다른 움직임이 가능한 9자유도의 로봇 팔을 자연스럽게 제어하는 데 성공했다. 참고로 도너휴 교수 연구팀의 경우에는 6자유도의 로봇 팔을 제어했다.

현재 슈워츠 교수는 활발한 연구 활동을 하고 있지 않지만, 2012년 당시에는 도너휴 교수와 첨예한 라이벌 구도를 형성하고 있었다. 도너휴 교수는 영장류 실험을 건너뛰고 인간을 대상으로 하는 침습적 뇌-컴퓨터 인터페이스 연구를 공격적으로 진행했지만, 슈워츠 교수는 도너휴 교수의 접근 방식에 불만이 많았다. 슈워츠 교수는 인간에게 성급하게 기술을 적용하기보다는 영장류를 대상으로 공격적으로 다양한 연구를 수행해야만 인간을 대상으로 더욱 발전된 시스템을 적용할 수 있다고 주장했다. 그래서 2004년부터 원숭이를 대상으로 뇌-컴퓨터 인터페이스 실험을 진행한 슈워츠 교수가 인간을 대상으로 임상시험을 진행한 것은 그로부터 8년 뒤인 2012년에 이르러서였다.

과연 누구의 주장이 옳았을까? 2012년에 도너휴 교수 연구팀이 발표한 로봇 팔 제어 동영상과 6개월 뒤 발표된 슈워츠 교수 연구팀의 로봇 팔 제어 동영상을 비교해 보면, 일단 슈워츠 교수 연구팀의 판정승으로 끝난 것으로 보인다. 도너휴 교수 연구팀의 영상에서는 로봇 팔이 아주 느리게 그리고 어색하게 움직이는 반면, 슈워츠 교수 연구팀의 영상에서는 로봇 팔이 실제 사람

그림 19. 각각 도너휴 교수 연구팀, 슈워츠 교수 연구팀의 로봇 팔 제어 영상.

의 팔이 움직이는 것처럼 자연스럽고 빠르게 움직인다. 이 영상을 처음 보고 나는 '조이스틱으로 조종을 해도 이렇게 자연스럽게 조작하기는 어렵겠다'는 생각을 했다.

슈워츠 교수는 아쉽게도 도너휴 교수의 연구보다 반년 늦게 연구 결과를 발표해 언론의 스포트라이트를 덜 받았다. 그런데 슈워츠 교수의 연구가 먼저 발표가 되었더라면, 그보다 성능이 떨어지는 도너휴 교수의 연구가 과연 발표될 수 있었을까? 이처럼 첨단 과학기술 분야에서는 불과 몇 개월의 차이로 연구가 빛을 보지 못하게 되는 경우가 허다하다. 특히, 전 세계 수많은 연구팀이 치열한 경쟁을 벌이는 뇌공학 분야에 뛰어든 우리 연구원들은 마치 전쟁터에 떨어진 것과 같은 압박감을 느낀다.

슈워츠 교수 이후에도 침습적 뇌-컴퓨터 인터페이스 연구는 꾸준히 발전했고, 2016년에는 오하이오주립대학교에서 팔이 마비된 환자의 뇌 신호를 해독하고 팔에 전기 자극을 가함으로써 마비된 팔을 움직이게 하는 데 성공했다. 그런가 하면, 같은 해 피츠버그대학교의 로버트 곤트Robert Gaunt 교수 연구팀은 로봇의 손가락 끝에 부착된 압력 센서를 건드리면 뇌에 전기 자극을 보내는 방식으로 로봇 손가락이 느끼는 감각을 뇌로 전달하는 데 성공했다. 생각만으로 로봇 팔을 움직이는 데서 나아가, 로봇 팔에 입력되는 감각을 사람이 느끼게 하는 데 성공한 것이다.

이처럼 뇌-컴퓨터 인터페이스 기술을 이용해 로봇 팔을 제어하는 기술은 발전을 거듭하고 있다. 팔다리를 자유롭게 움직이

지 못하는 모든 이들이 언젠가는 뇌-컴퓨터 인터페이스의 도움
으로 새로운 팔다리를 찾게 되리라고 기대한다.

# 무엇이 '진짜' 팔과 다리일까

## 경이로운 뇌의 유연함

SF 영화의 고전인 〈스타워즈 에피소드 5<sup>Star Wars Episode V</sup>〉에는
루크 스카이워커<sup>Luke Skywalker</sup>가 자신의 친부인 다스베이더<sup>Darth Vader</sup>와 폭이 좁은 다리에서 결투를 벌이다 다스베이더가 휘두른 광선 검에 오른팔이 잘려 나가는 장면이 등장한다. 물론 영화 말미에서는 주인공답게 잘려진 오른팔 대신 진짜 팔과 똑같이 생긴 전자 의수를 장착하고 나타난다. 그런데 40여 년 전의 이 영화 속 상상은 2017년에 현실이 되어 '루크 암<sup>LUKE Arm</sup>'이라는 이름의 3세대 전자 의수로 출시되었는데, 이 의수는 손의 신경과 근육을 모방해 힘을 조절하고 감각을 느낄 수 있도록 설계되

었다. 루크 암은 팔의 일부가 잘린 이들에게 사용되기에 뇌의 신호가 아니라 남아 있는 팔에서 측정된 근육 전기신호를 이용하지만, 루크 암에 이용된 기술이 뇌-컴퓨터 인터페이스에 적용되는 것도 그저 시간문제일 뿐이다. 그런데 이쯤에서 한 가지 의문이 생긴다. 우리가 진짜 팔 대신 전자 의수를 쓴다면, 우리 뇌는 전자 의수를 실제 팔처럼 인식할까?

뇌과학에서 유명한 '고무손 착각rubber hand illusion'이라는 실험이 있다. 이 실험은 미국 피츠버그대학교의 매튜 보트비닉Matthew Botvinick 교수와 카네기멜론대학교의 조너선 코언Jonathan Cohen 교수가 1998년에 제안한 것이다. 먼저 실험 참가자의 왼손을 탁자 위에 올려놓게 한 뒤 손이 보이지 않도록 검은 천으로 가린다. 그리고 보이지 않는 왼손 대신 고무로 정교하게 만든 가짜 왼손을 탁자 위에 올려놓는다. 그런 다음에 연구자는 붓을 이용해 천으로 가려진 왼손과 눈앞에 보이는 고무손을 동시에 살살 문지른다.

얼마간의 시간이 흐르면 연구자가 참가자에게 말한다. "당신 왼손이 어디에 있는지 오른손으로 가리켜 보세요." 그러면 재미있게도, 대부분의 참가자들은 천으로 가려진 자신의 진짜 손이 아닌 고무손을 가리킨다. 더 신기한 것은 고무손을 향해 날카로운 칼이나 바늘을 찌르는 시늉을 하면 실험 참가자들은 화들짝 놀라며 비명을 지르거나 자신의 진짜 손을 자기 몸으로 끌어당기는 행동을 한다는 점이다.

2005년, 영국의 뇌과학자인 리처드 패싱엄^Richard Passingham 교수의 연구팀은 기능적 자기공명영상을 촬영하며 고무손 착각 실험을 시도해 보았다. 진짜 손과 고무손을 동시에 붓으로 문지르다가 고무손을 뾰족한 바늘로 찌르려고 하자, 우리 대뇌의 전대상회^anterior cingulate cortex, ACC라는 영역의 활동이 크게 증가하는 현상을 관찰할 수 있었다. 이 부위는 신체의 통증이 예상될 때 활동하는 부위로 잘 알려져 있다. 우리 뇌가 고무손을 진짜 손처럼 느끼고 있다는 것이 과학적으로 증명된 셈이다. 나쁘게 말하면 우리 뇌가 '잘 속는 것'이고, 좋게 말하면 우리 뇌가 '환경 변화에 잘 적응하는 것'이라고 할 수 있다.

고무손 실험과 유사한 사례가 뇌-컴퓨터 인터페이스 분야에서도 보고된 적이 있는데, 앞서 소개한 미국 피츠버그대학교의 앤드루 슈워츠 교수는 초창기에는 원숭이를 대상으로 뇌-컴퓨터 인터페이스 연구를 진행했다. 2000년대 중반, 그는 원숭이의 오른쪽 운동영역에 100여 개의 바늘 모양 전극을 촘촘하게 꽂아 넣고 뇌 신호를 실시간으로 분석해 로봇 팔을 움직이게 했다. 원숭이의 실제 왼팔은 움직이지 못하도록 꽁꽁 묶어놓고, 원숭이가 팔을 움직이고자 시도하면 실제 팔 대신 로봇 팔이 움직이도록 한 것이다. 몇 주간의 훈련을 거치자 원숭이는 로봇 팔을 마치 자신의 팔인 양 자유자재로 움직이며 자기 앞에 놓인 먹이도 집어 먹을 수 있게 되었다. 그런데 이때 예상치 못한 아주 흥미로운 현상이 나타났다. 원숭이가 먹이를 다 집어 먹고 난 뒤

지저분해진 로봇 손가락 끝을 마치 자신의 진짜 손을 닦듯이 혀로 깨끗하게 핥아 청소하는 모습이 관찰된 것이다. 몇 주 동안 로봇 팔을 자신의 팔로 쓰다 보니 로봇 팔을 자신의 진짜 팔처럼 인식하게 된 것이다. 이러한 원숭이의 행동이나 고무손 착각을 가리켜 '체화embodiment'가 일어났다고 한다.

고무손 착각 현상은 의료 분야에서도 활용된다. 보통 사고나 질병으로 한쪽 팔을 잃은 환자들은 상처가 아문 뒤에도 사라진 팔로 인해 통증으로 괴로워한다. 팔은 사라졌지만 뇌에는 그 팔을 움직이거나 감각을 느끼는 부위가 그대로 남아 있기에 그 영역이 제멋대로 작동하며 없어진 팔의 감각이 느껴지는 것이다. 이런 현상은 '환상지통phantom limb pain'이라고 부른다. 갑작스러운 환경 변화로 인해 뇌가 일종의 착각을 하는 셈이다. 그런데 이런 환자들에게 고무손 착각 현상을 응용할 수 있다. 예를 들어, 오른손을 잃은 환자가 있다면 왼손을 탁자 위에 올려놓게 하고 가운데에는 거울을 놓아둔다. 그러면 거울을 통해 마치 잃어버린 오른손이 있는 것과 같은 착각을 느끼게 할 수 있다. 환자는 왼손을 이렇게 저렇게 움직여 가며 통증이나 불편감을 없애는 훈련을 받을 수 있다. 최근에는 거울을 쓰지 않고 VR, 즉 가상현실을 이용해 마치 사라진 팔이 다시 생긴 것처럼 느끼게 한다거나, 전자 의수를 장착해 자신의 손처럼 느끼게 하는 방법도 쓰이고 있다.

이처럼 우리 뇌는 주변 환경의 변화에 적응하는 능력이 매우 뛰어나다. 2004년, 일본에서는 우리 뇌의 뛰어난 적응력을 잘 보여주는 재미있는 실험 결과를 하나 발표했다. 일본 고베에 위치한 정보통신기술연구소[NICT]의 한 연구원이 특수 안경을 개발했는데, 이 안경을 쓰면 원래 오른쪽 눈으로 들어오는 영상은 왼쪽 눈에, 왼쪽 눈으로 들어오는 영상은 오른쪽 눈에 보인다. 쉽게 말해 좌우가 뒤바뀌어 보이는 것이다. 그 연구원은 한 실험 참가자에게 안경을 착용한 상태로 자전거를 타게 했다. 원래 그 참가자는 매일 자전거로 통근을 하기에 자전거를 아주 잘 타는 사람이었는데 불과 5미터도 가지 못해 넘어졌다. 그런데 이 안경을 쓴 채로 2주간 생활하게 했더니, 안경을 쓰기 전처럼 자전거를 아주 잘 탈 수 있게 되었다. 평생의 습관이 단 2주 만에 바뀐 것이다.

그런데 그로부터 2주 뒤에 다시 안경을 벗고 자전거를 타게 했더니, 흥미롭게도 다시 5미터도 가지 못해 쓰러졌다. 그 후로 자전거를 잘 탈 수 있게 되기까지는 또다시 2주의 시간이 더 필요했다고 한다. 이런 뇌의 빠른 적응력은 급속하게 변하는 현대 사회에서 더욱 빛을 발하는 듯하다. 최신 스마트 기기나 가상현실과 같은 새로운 기술들이 쏟아져 나와도 곧잘 적응할 수 있을 테니 말이다.

물론 자전거 타기의 사례에서처럼, 뇌가 새로운 습관에 적응하는 데는 약간의 시간이 필요하다. 충분한 반복을 통해 새로운 시냅스가 형성되지 않으면 사람의 뇌가 저항을 일으키기 때문이다. 보통 습관을 바꾸는 데 필요한 최소한의 시간은 (학자들마다 의견이 조금씩 다르지만) 짧게는 2주에서 길게는 3개월 정도라고 알려져 있다. 2009년에 발표된 연구 결과에 따르면, 운동이나 명상과 같은 특정한 행동을 매일 같은 시간에 하도록 꾸준히 학습하면 평균 3개월이 지난 시점에서 그 행동을 하지 않을 경우 견디기 힘들 정도로 뇌에 습관이 새겨진다고 한다. 뇌-컴퓨터 인터페이스로 '새로운 팔'이 생긴다고 하더라도, 불과 몇 주만 지나면 자신의 원래 팔과 똑같이 느낄 가능성이 높다.

## 세 가지 난제

우리의 뇌가 새로운 팔에 쉽게 적응할 수 있을지는 몰라도 아직은 기술적으로 해결해야 할 문제가 산더미처럼 쌓여 있다. 먼저, 생각만으로 로봇 팔을 제어할 때 가장 어려운 문제는 로봇 팔을 직접 보고 있지 않으면 로봇 팔을 제어할 수 없다는 것이다. 우리 인간에게는 고유수용감각proprioception이라는 것이 있어서, 팔이나 다리를 보지 않고도 자신의 팔다리가 어디에 있는지를 알수 있다. 현재 뇌-컴퓨터 인터페이스 분야에서는 로봇 팔을 보지 않고도 로봇 팔의 위치를 알 수 있게 해주는 기능, 즉 로봇 팔에 고유수용감각 기능을 집어넣기 위해 분투하고 있다. 지금으로서는 로봇 팔을 보고 있지 않으면 팔의 위치를 정확히 알 수 없기 때문에, 눈을 감거나 다른 곳을 보고 있을 경우 로봇 팔을 움직이는 것이 불가능하다. 로봇 팔을 보고 있지 않으면 로봇 팔이 제멋대로 움직여 옆에 놓인 유리컵을 깨버리거나 물건을 부술 수도 있다. 이처럼 로봇 팔의 위치 정보를 정밀하게 뇌로 전달하는 것은 쉬운 일이 아니지만, 많은 연구자들이 이 기술을 연구하고 있기에 머지않은 미래에 고유수용감각을 가진 로봇 팔이 개발될 것으로 기대된다.

뇌-컴퓨터 인터페이스를 통해 로봇 팔을 제어하기 위해 반드시 해결해야 하는 문제는 하나 더 있다. 이 문제는 강연할 때마다 가장 많이 받는 질문과도 관련 있다. 바로 팔을 움직이다가 갑자기 다른 생각을 하는 상황이다. 물론 오늘날의 뇌-컴퓨터 인터페이스는 팔의 운동과 관련된 좁은 영역에서 발생하는 신호만을 사용하기에, 팔을 움직이는 상상을 하지 않는 이상 로봇 팔이 제멋대로 움직일 가능성은 낮다. 하지만 우리는 일상생활에서 무의식적인 운동을 자주 경험한다. 습관적으로 다리를 떨거나 머리카락을 쓰다듬는 행동이 대표적인 예다. 그런가 하면, 외부에서 갑작스러운 자극이 주어질 때 순간적으로 팔다리를 움직이게 되는 경우도 있다. 뜨겁거나 날카로운 자극이 가해지면, 우리는 본능적으로 신체 부위를 자극을 가한 물체로부터 멀리 떼어놓게 된다. 문제는 이러한 무의식적 운동에 의한 뇌 신호 패턴과 의식적인 운동 상상에 의한 뇌 신호 패턴을 구분해 내기 어렵다는 데 있다. 특히 무의식적인 운동은 워낙 다양한 상황이 가능하기 때문에, 최신 인공지능 기술로도 학습을 위한 데이터를 모으기가 결코 쉽지 않다. 이 문제 역시 뇌공학자들이 많은 연구를 통해 해결해야 한다.

마지막 하나도 뇌-컴퓨터 인터페이스의 실용화를 위해 매우 중요한 이슈인데, 바로 측정되는 뇌 신호 패턴이 매일같이 달라지는 문제다. 앞서 소개한 듀크대학교의 미겔 니코렐리스 교수 연구팀은 원숭이를 대상으로 하는 뇌-컴퓨터 인터페이스 실험 과정에서 재미난 현상을 하나 발견했다. 원숭이가 똑같이 오른팔을 움직이는데, 활동하는 신경세포의 패턴이 매일매일 조금씩 달라졌던 것이다. 예를 들어, 첫날에 1번, 5번, 12번, 32번 신경세포가 활동을 했다면 다음 날에는 2번, 8번, 19번, 55번 신경세포가 활동을 하는 식이다. 똑같은 행동을 하는데 반응하는 신경세포는 왜 매번 달라지는 것일까?

뇌과학자들은 이런 현상을 일종의 뇌의 자기 보호 메커니즘이라고 설명한다. 만약 어떤 사람이 오른팔을 들어 올리는 데 필요한 신경세포가 1번, 5번, 12번, 32번밖에 없는데 갑자기 사고로 인해 12번 신경세포가 죽어버렸다고 해보자. 그러면 그때부터 그 사람은 오른팔을 더 이상 들어 올리지 못하게 될 것이다. 그런데 오른팔을 들어 올릴 수 있는 신경세포 패턴이 이것 말고도 2번, 8번, 19번, 55번도 있고 7번, 9번, 67번, 99번도 있다면, 12번 신경세포 하나가 없어지더라도 다른 패턴을 이용해 문제없이 오른팔을 들어 올릴 수 있게 되는 것이다. 언뜻 비효율적으로 보일 수도 있지만 한번 죽은 신경세포는 다시 살아날 수 없기에 뇌의 입장에서는 당연히 이런 보호 장치가 필요할 것이다.

문제는 이런 뇌의 보호 장치 때문에 뇌-컴퓨터 인터페이스를 사용할 때마다 뇌에 세팅되어 있는 신경세포 패턴을 알아내야 한다는 점에 있다. 다시 말해, 새로운 오른팔을 쓸 때마다 짧게는 5분에서 길게는 20분이 걸리는 훈련 과정을 반복해야 한다는 이야기다. 이런 과정을 흔히 영점 조정 과정이라고 부르는데, 현재 기술로는 이를 아주 없애는 것이 불가능하다. 우리 뇌의 패턴이 어떤 식으로 결정되는지 전혀 이해하고 있지 못하기 때문이다. 이제 뇌공학자들에게 던져진 숙제는 어떻게 하면 이 과정을 최대한 간단하게 만들어 영점 조정에 걸리는 시간을 최대한 단축할 수 있을 것인가에 있다.

뇌공학자들이 시도하는 방법들 가운데 하나는 인공지능 분야에서 자주 쓰이는 '도메인 적응domain adaptation'이라는 알고리즘을 도입하는 것이다. 도메인 적응이란 측정된 데이터를 이용해 미리 만들어진 인공지능 모델을 조금씩 수정해 가는 방법이다. 이 방법을 이용하면 적은 양의 데이터로도 모델을 만들 수 있기 때문에 영점 조정에 걸리는 시간을 크게 줄일 수 있다.

이러한 문제들만 해결된다면, 가까운 미래에는 장애를 가진 이들이 팔다리는 물론이고 주변 사물들을 생각만으로 움직일 수 있게 될 것이다. 일론 머스크를 비롯한 거대 자본의 힘과 전 세계 뇌공학자들의 노력에 힘입어, 그날이 우리에게 점점 더 빠르게 다가오고 있다.

# 3부

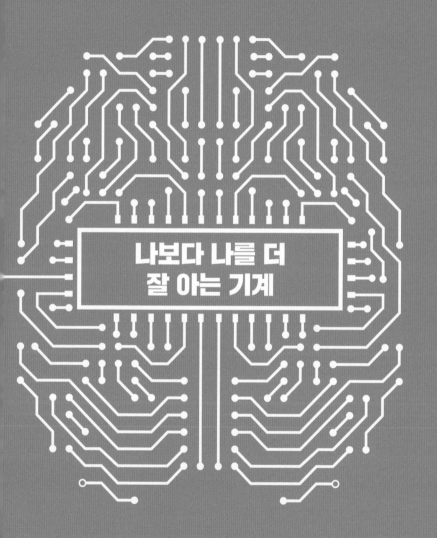

나보다 나를 더
잘 아는 기계

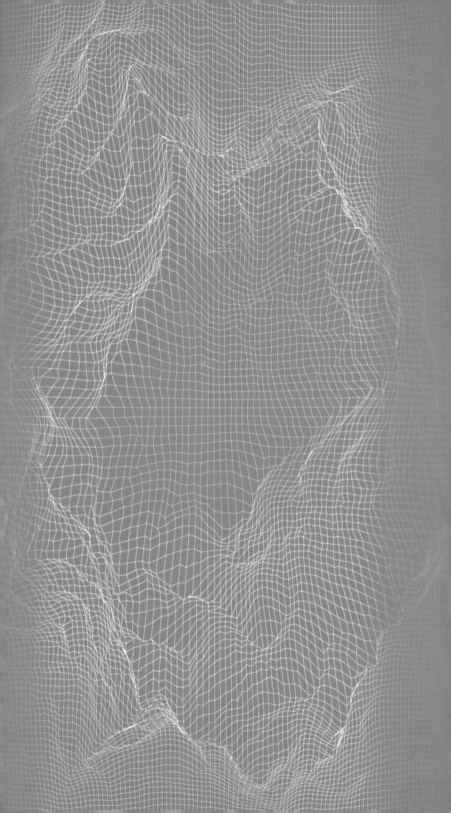

# 9

# 우리 뇌의 주인은 누구일까

## 선택한다는 착각

"수업 시간에 배운 것들을 잊지 않고 모두 기억할 수 있다면 얼마나 좋을까요?" 중고등학교 강연을 다니다 보면 자주 받는 질문이다. 그렇다. 우리 인간은 모든 것을 기억하지는 못한다. 물론 잊는 것이 약이라는 말도 있듯이, 때로는 괴로운 기억은 잊는 편이 나을 때도 있다. 하지만 우리가 보고 들은 모든 것을 마치 사진을 찍듯이 기억할 수 있다면 틀림없이 공부가 아주 쉬워질 것이다. 그렇다면 우리는 왜 망각이라는 것을 할까? 우리 뇌에 860억 개에 달하는 신경세포가 있는데도 말이다.

인간이 망각하는 이유는 간단하다. 기억을 만들 때 에너지가 필요하기 때문이다. 더 정확하게 말하자면, 장기 기억을 뇌에 각인할 때 단백질이 필요하다. 그런데 우리 뇌가 쓸 수 있는 에너지와 영양분은 제한되어 있기에, 우리가 모든 것을 기억하지는 않는 것이다. 그렇다면 어떤 것을 기억하고 어떤 것을 망각할 것인지는 대체 무엇이 결정하는 것일까?

많은 독자들이 2015년에 개봉한 〈인사이드 아웃Inside Out〉이라는 월트디즈니 애니메이션 영화를 보았을 것이다. 영화의 주인공인 라일리의 머릿속에는 기쁨이, 슬픔이, 버럭이, 까칠이, 소심이라는 개성 있게 생긴 다섯 캐릭터가 살고 있다. 이들은 우리 뇌의 '무의식'이라는 곳에 사는 다섯 가지 기본 감정을 가리킨다. 라일리가 깊은 잠에 빠져 있는 동안, 이 다섯 캐릭터들은 하루 동안 있었던 일들이 저장된 구슬을 하나씩 들여다보면서 중요한 기억은 장기 기억 보관소로 보내고 필요 없는 것은 망각의 계곡으로 던져버린다. 영화에서는 이들이 어떤 기억을 장기 기억 보관소로 보낼 것인지를 두고 서로 다투는 장면이 등장하는데, 실제로도 어떤 것을 기억하고 어떤 것을 망각할 것인지를 결정하는 것은 우리 뇌의 무의식이다. 우리가 의식적으로 무언가를 기억하려고 노력하더라도 무의식이 그것을 중요하게 여기지 않으면 지워질 수 있는 것이다.

우리는 종종 무의식적으로 행동하기도 한다. 예를 들어, 일상생활에서 자신의 손이 입이나 코를 만지고 있다는 것을 뒤늦게 알아챈 경험이 있을 것이다. 의도적으로 손을 움직여 입이나 코를 만진 것이 아닌데도 말이다. 이처럼 행동이나 생각을 우리가 인지하는 것을 '의식'이라고 하고, 인지하지 못하는 것을 '무의식'이라고 한다. 의식을 나타내는 영어 단어인 'consciousness'는 무언가를 안다는 뜻을 지닌 어원 'sci'에서 유래했고, 과학을 의미하는 'science' 역시 여기서 유래했다.

그런데 우리가 의식적이라고 믿는 행동들도 사실 우리 뇌의 무의식이 만들어 내는 것이라는 주장이 있다. 이 주장은 인간 의식 연구의 아버지로 불리는 벤저민 리벳<sup>Benjamin Libet</sup> 교수로부터 시작되었다. 그는 뇌과학 역사에서 빼놓을 수 없는 중요한 실험으로 꼽히는 '리벳 실험'을 고안했다. 우리 뇌에서는 신체 일부를 움직이기 전에 준비 전위라는 뇌파가 발생한다. 움직임을 준비하는 뇌파인 셈이다. 그런데 리벳 교수가 의아하게 여긴 부분은 이 준비 전위가 팔을 움직이기 무려 1초 전에 발생한다는 점이었다. 여러분이 실제로 팔을 이리저리 움직여 보면, 의식적인 생각과 거의 동시에 팔이 움직인다는 것을 쉽게 알아챌 수 있다.

리벳 실험에서는 실험 참여자들이 손을 움직일 때마다, 손을 움직이겠다고 마음먹은 시점, 준비 전위가 발생한 시점, 실제로 손을 움직인 시점을 정확하게 측정했다. 그랬더니 놀랍게도 손을 움직이겠다고 마음먹은 시점보다도 준비 전위가 더 빨리 발생한다는 결과가 관찰되었다. 우리의 의지에 앞서 뇌가 명령을 내리고 있었다는 뜻이다.

리벳 실험의 결과에 수많은 뇌과학자들이 충격을 금하지 못했다. 리벳 교수의 연구 결과가 사실이라면 우리가 의식적으로 행한다고 믿은 많은 행동들이 실제로는 무의식적으로 이루어지는 것으로 볼 수 있기 때문이다. 이 연구 결과는 인간의 '자유의지free will'를 부정하는 데 쓰일 수도 있는데, 그렇게 된다면 인간이 저지르는 실수와 범죄를 정당화하는 도구가 될 수도 있다.

리벳 교수가 세상을 떠난 뒤, 독일 막스플랑크연구소의 존 딜런 헤인즈John-Dylan Haynes 박사 등이 리벳 교수의 이론을 계승했다. 헤인즈 박사는 2007년에 사람이 의식적인 선택을 내리기 10초 전부터 이미 뇌가 결정을 내리고 있다는, 다소 파격적인 연구 결과를 발표해 뇌과학계에 큰 파장을 일으켰다. 인간이 자유의지를 갖고 있는지 아닌지는 아직 결론 나지 않았지만, 인간 행동의 많은 부분이 무의식에 의해 결정된다는 것은 이론의 여지가 없어 보인다. 우리 뇌의 주인은 사실 우리가 아닐지도 모른다.

## 우리보다 우리를 더 잘 아는 기계

몇 년 전, 『나도 아직 나를 모른다』라는 제목의 책이 출간된 적이 있다. 개인적으로도 친분이 있는 심리학과 교수가 쓴 책인데, 책의 제목처럼 우리는 스스로를 잘 알고 있다고 생각하지만 의외로 자신에 대해 잘 모르는 부분도 많다. 우리가 느끼는 감정만 해도 그렇다. 우리의 복잡하고 미묘한 감정 상태를 '행복', '슬픔', '두려움', '걱정', '평온함', '분노'와 같은 진부한 단어들로 표현하기란 결코 쉽지 않다. 그런가 하면 우리가 무언가에 집중할 때 '당신은 지금 얼마나 집중하고 있나요? 0점에서 9점까지 당신이 집중한 정도를 점수로 매겨보세요'라는 요청을 받고 쉽게 답할 수 있는 이도 많지 않을 것이다. 이처럼 인간의 감정 상태나 뇌 상태는 의식보다는 무의식에 더 가깝다.

그런데 우리 자신도 잘 모르는 우리 뇌를 읽어내는 기술이 개발되고 있다면? 그것도 뇌-컴퓨터 인터페이스 기술을 이용해서 말이다. 이런 뇌-컴퓨터 인터페이스 기술을 '수동형 뇌-컴퓨터 인터페이스 passive brain-computer interface, pBCI'라고 한다. 이때 '수동형'이라는 용어는 기존의 기기 제어나 의사소통을 위해 개발된 '능동적인' 뇌-컴퓨터 인터페이스와 달리 뇌의 상태를 수동적으로 읽어내기만 할 뿐 사용자가 스스로 어떤 명령을 만들어내지는 못하기에 붙여진 이름이다.

수동형 뇌-컴퓨터 인터페이스 기술을 통해 뇌의 다양한 상태를 읽어낼 수 있는데, 대표적인 상태로는 집중도, 감정, 스트레스, 심신 안정도, 지루함이 있다. 과거에는 수동형 뇌-컴퓨터 인터페이스는 뇌-컴퓨터 인터페이스의 범주에 포함시키지 않는 것이 일반적이었다. 이는 2002년 조너선 월포 교수의 기념비적인 뇌-컴퓨터 인터페이스 리뷰 논문에서 기인하는데, 당시 월포 교수는 뇌-컴퓨터 인터페이스가 "신경신호를 해독해 외부 기기를 제어하거나 외부와의 의사소통을 가능하게 하는 기술"이라고 정의했다. 수동형 뇌-컴퓨터 인터페이스는 이와 같은 정의를 만족하지 못했기에, 뇌-컴퓨터 인터페이스 연구자들로부터 철저하게 외면당했다. 게다가 일부 수동형 뇌-컴퓨터 인터페이스 기술은 구현하기 매우 쉽고 진입 장벽이 낮았기 때문에, 기술적인 배경이 거의 없는 중소 업체들이 난립한 것도 학계의 외면에 톡톡히 한몫했다.

그럼에도 수동형 뇌-컴퓨터 인터페이스 연구자들은 자신들의 연구를 '뇌-컴퓨터 인터페이스'라고 부르는 데 일말의 주저함도 없었다. 그들은 주류 뇌-컴퓨터 인터페이스 분야에 진입하기 위해 끊임없는 노력을 기울였고, 그 노력의 일환으로 뇌-컴퓨터 인터페이스 관련 학회에도 많은 수의 논문을 투고했다. 하지만 2010년 무렵만 하더라도, 세계에서 가장 큰 뇌-컴퓨터 인터페이스 관련 학회인 '국제 뇌-컴퓨터 인터페이스 미팅International Brain-Computer Interface Meeting'에서 수동형 뇌-컴퓨터 인터페이스 논문을 찾아보기는 어려웠다. 학회의 심사위원들이 월포 교수가 정의한 뇌-컴퓨터 인터페이스의 범주에 벗어나는 논문들에 일제히 '발표 불가' 판정을 내렸기 때문이었다.

이런 극단적인 대립 상황에 변화의 조짐이 감지된 것은 2013년 6월, 미국 캘리포니아주 아실로마컨퍼런스센터Asilomar Conference Center*에서 3년 만에 개최된 국제 뇌-컴퓨터 인터페이

---

* 일론 머스크, 스티븐 호킹, 데미스 하사비스 등이 2017년 1월에 인공지능 재앙을 막기 위한 23가지 AI 원칙을 발표한 장소로 유명하다. 이 원칙은 장소의 이름을 따서 '아실로마 AI 원칙'으로 불린다.

스 미팅에서였다. '뇌 컴퓨터 인터페이스의 차세대 응용 분야는 무엇인가?'라는 타이틀 아래 개최된 이 학회에서는 엄격한 심사를 거친 500여 편의 논문이 발표되었다. 이 학회는 발표 논문 중에서도 극소수의 논문만을 선정해 구두 발표에 배정하는 것으로 유명한데, 2013년 학회에서도 500편 가운데 불과 25편의 논문만이 구두 발표의 기회를 얻었다(영광스럽게도 우리 연구팀에서 제출한 논문도 그중 하나로 선정되었다). 그런데 놀랍게도 25편의 논문 중 무려 3편이 그동안 철저하게 배제되었던 수동형 뇌-컴퓨터 인터페이스 논문이었다!

'차세대 뇌-컴퓨터 인터페이스 응용'이라는 제목의 세션에서 발표된 세 논문은 각각 「비디오 게임에서 뇌파의 활용BCI-controlled videogame」,「인지 상태 파악을 통한 운전 경험 향상Decoding

그림 20. 2013년 국제 뇌-컴퓨터 인터페이스 미팅의 포스터.

cognitive states for enhancing driving experience」, 「뇌파를 이용한 집중 유지능력 예측EEG-predictors of covert vigilant attention」으로, 각각 대만, 스위스, 독일 연구팀이 발표했다. 곧이어 주제 10개에 대해 같은 시간에 각기 다른 발표장에서 개최된 병렬 워크숍에서도 '수동형 뇌-컴퓨터 인터페이스: 인지 및 감정 상태를 반영하는 신경생리학적 신호의 활용'이라는 타이틀의 워크숍이 워크숍들 가운데 유일하게 정원이 마감되는 기염을 토하기까지 했다.

그렇다면 이렇게 갑작스러운 변화가 나타난 원인은 대체 무엇일까? 그 이유를 찾으려면 2013년 당시의 시대적 배경을 살펴보지 않을 수 없다. 2010년대 초반에는 전 세계적으로 뇌-컴퓨터 인터페이스 연구의 붐이 조성되면서, 많은 인접 분야 연구자들이 뇌-컴퓨터 인터페이스 분야에 뛰어들었다. 2013년 무렵에 우리 연구팀이 조사한 결과, 전 세계에서 뇌-컴퓨터 인터페이스 관련 연구 논문을 하나라도 발표한 연구팀이 무려 300개에 달했다. 하지만 뇌-컴퓨터 인터페이스의 전통적인 정의, 즉 생각만으로 외부 기기를 제어하거나 외부와 의사소통을 하는 기술을 필요로 하는 대상자의 수가 예상보다 많지 않았던 것이 문제였다.

예컨대, 뇌-컴퓨터 인터페이스 기술의 가장 큰 수혜자로 언급되는 루게릭병 환자의 수는 세계적으로 30만 명에 미치지 않는다. 그중에서도 뇌-컴퓨터 인터페이스 기술이 필요할 정도로 심한 증상을 가진 환자는 약 5퍼센트로, 1만 5,000명에 지나지 않는다. 물론 이런 환자들을 위한 연구도 반드시 필요하지만, 대상자가 많지 않다 보니 각국 정부의 연구비 지원이 제한되기 마련이다. 이처럼 적은 연구비를 둘러싸고 지나치게 많은 연구팀이 생겨나다 보니 연구비 확보를 위한 경쟁은 더 치열해졌고, 연구비가 부족해 연구를 지속하지 못하는 연구팀도 하나둘 생겨나기 시작했다.

구글이나 애플, 삼성전자, LG전자 등 다국적 IT 대기업들도 뇌-컴퓨터 인터페이스와 관련된 특허를 출원하는 등 꾸준한 관심을 보이기는 했지만, 큰 이익을 기대하기 어렵다는 사실을 깨닫고 이내 관심을 접고는 했다. 이런 암울한 상황에 엄청난 변화의 바람을 불러일으킨 이가 있었으니, 바로 캐나다의 여성 기업가 아리엘 가튼<sup>Ariel Garten</sup>이었다.

## 스트레스를 줄이는 머리띠

아리엘 가튼은 2002년 캐나다의 명문 대학인 토론토대학교에서 생물학과 신경과학을 복수 전공해 학사학위를 취득했지만, 사실 그녀의 관심은 의류 디자인에 있었다. 그녀는 17세 때부터 자신이 직접 티셔츠를 디자인해 판매했고, 대학 졸업 이후에는 자신의 이름을 딴 '아리엘'이라는 이름의 의류 브랜드를 론칭하고 '플레버 홀'이라는 의류 매장을 직접 운영하기까지 했다. 심지어 신경과학 전공을 살려 고객의 뇌에서 측정한 뇌파 파형을 그려 넣은 티셔츠를 판매하기도 했다. 한번은 주머니가 37개 달린 스커트를 디자인하기도 했는데, 여기서 숫자 '37'은 1800년대 유럽에서 유행한 골상학*에서 인간의 뇌가 37개의 서로 다른 기능을 하는 영역으로 구분된다는 이론에서 가져온 것이었다.

그러던 가튼은 토론토대학교 전기컴퓨터공학과의 스티브 만 Steve Mann 교수에게 가르침을 받으면서 뇌-컴퓨터 인터페이스 분야에 관심을 갖게 되었다. 스티브 만 교수는 구글 글래스Google Glass가 발표되기도 무려 30년 전에 시각을 증강할 수 있는 안경 형태의 디바이스를 개발했고, 1990년대에는 MIT에서 뇌-컴퓨터 인터페이스에 관한 연구 경험을 쌓았다. 대학 졸업 이후에도 스티브 만 교수와 인연을 꾸준히 이어간 가튼은 만 교수를 통해 알게 된 크리스 아이몬Chris Aimone과 트레버 콜먼Trevor Coleman 등과 함께 뇌를 읽어내는 헤드밴드를 만드는 인터랙슨InteraXon이라는 회사를 설립했다. 가튼이 27세가 되던 2007년의 일이었다.

2007년 이전에도 스포츠 밴드와 비슷한 형태로 뇌파 측정용 헤드밴드가 출시된 적이 있었지만, 인터랙슨은 혁신적인 디자인으로 후발 주자임에도 주목을 받을 수 있었다. 기존의 뇌파 헤

---

* 현재는 유사 과학으로 받아들여지고 있지만, 한때는 전문 학술지까지 발간될 정도로 주류 과학으로도 인정받았다. 골상학자들은 인간의 뇌가 서로 다른 기능이나 성향을 반영하는 영역으로 구분되어 있으며 특정한 영역의 발달이 두개골의 형상에 영향을 주기에, 두개골을 만져봄으로써 사람의 심리, 성격, 미래까지 예측 가능하다는 주장을 펼쳤다.

드밴드는 머리둘레를 감싸는 형태를 띠고 있어서 착용하기에 불편했고, 밴드를 벗었을 때 옆머리나 뒷머리가 눌려 헤어스타일을 망치기 일쑤였다. 반면 인터랙슨이 2012년에 발표한 '뮤즈Muse'라는 헤드밴드는 얇고 납작한 머리띠 형태에 안경처럼 귀 뒷부분을 감싸는 구조로 만들어졌다. 사람들은 22세기 인류가 쓰고 다닐 법한 미래적인 뮤즈의 디자인에 열광했고, 크라우드 펀딩 사이트인 '킥스타터kickstarter'에 뮤즈 헤드밴드의 예약 구매를 개시하자마자 전 세계에서 주문이 쇄도하기 시작했다. 한 달여 만에 약정액은 목표액인 30만 달러를 훌쩍 넘어섰고, 뮤즈는 판매를 개시하기도 전에 뇌-컴퓨터 인터페이스 분야의 뜨거운 감자로 떠오르게 되었다.

인터랙슨이 뮤즈의 애플리케이션으로 가장 먼저 제시한 콘텐츠는 다름 아닌 명상이었다. 당시 북미 지역에서는 스트레스 해소를 위한 수단으로 명상이 큰 인기를 끌고 있었다. 뮤즈는 2012년

그림 21. 인터랙슨 뮤즈의 헤드셋. 2016년 인터랙슨 홈페이지의 메인 페이지.

부터 활발히 보급되기 시작한 스마트폰과 연동해 명상을 도와주는 앱을 출시했다. 아이디어는 간단하다. 앱을 실행하고 뮤즈 헤드밴드를 착용하면 스마트폰에서 빗소리가 들리기 시작한다. 마음을 차분하게 가라앉히고 무념무상의 세계로 빠져들면, 빗소리가 점점 가늘어지다가 어느새 비가 그치고 새가 지저귀는 소리가 들려온다. 잠시 마음이 흐트러지고 상념에 빠지게 되면 빗소리는 다시 강해지다가 '우르르, 쾅' 하는 천둥소리까지 들려온다. 이처럼 3분 동안 새 지저귀는 소리가 최대한 많이 들리도록 노력하다 보면, 자연스레 명상의 효과를 볼 수 있다. 나도 가끔다 머릿속이 복잡해질 때면 뮤즈를 착용하고는 하는데, 실제로 이렇게 하루 3분만이라도 뇌에 휴식을 주는 것이 뇌의 건강에는 큰 도움이 된다.

인터랙슨의 뮤즈 헤드밴드는 정식으로 출시된 이후에도 입소문을 타면서 상업적으로 상당한 성공을 거두었다. 2020년 인터랙슨의 발표에 따르면, 북미 지역에서만 10만 대 이상의 뮤즈 헤드밴드가 판매되었다고 한다. 2013년에 크라우드 펀딩을 통해 화려하게 데뷔한 인터랙슨과 아리엘 가튼은 언론을 통해 활발한 홍보 활동을 벌였는데, 가튼은 당시 TED 강연을 비롯한 여러 강연에서 구글이 개발하고 있던 증강현실 웨어러블<sup>wearable</sup> 기기인 구글 글래스와 자신들의 뮤즈 헤드밴드가 쉽게 결합될 것이라고 주장했다. 구글 글래스 위에 헤드밴드만 덧씌우면, 마음 상태를 읽어내고 이를 증강현실에 반영하는 서비스도 가능하리라는 것이었다.

그 무렵 IT 업계에는 구글의 공동 창업자인 세르게이 브린
Sergey Brin이 인터랙슨을 인수하기 위해 접촉했다는 소문이 돌았
고, 일부 매체에서는 그 소문이 마치 사실인 양 발표하기도 했
다. 이제 마음이 급해진 것은 애플, 삼성전자, LG전자, 필립스
Philips와 같은 다른 다국적 IT 기업들이었다. 구글이 인터랙슨을
인수하고 웨어러블 뇌파 시장에 본격적으로 뛰어들면, 아무런
준비도 하지 않고 있던 회사들이 뇌파 시장을 구글에 고스란히
넘겨주는 상황이 벌어질 수도 있었기 때문이다. 실제로 2013년
이 되자 삼성전자와 LG전자는 자사 연구소 내에 뇌파 연구팀을
만들고 본격적인 뇌-컴퓨터 인터페이스 연구를 시작했다. 스마
트폰 시장에 늦게 진출한 이유로 어려움을 겪었던 두 회사는 소
문일 뿐이더라도 이를 쉽게 지나칠 수 없었을 것이다.

결과적으로 구글의 인터랙슨 인수는 한낱 소문에 불과했던
것으로 드러났다. 하지만 2013년 당시 글로벌 IT 공룡들이 수동
형 뇌-컴퓨터 인터페이스에 보인 관심은 연구비에 목말라 있던
수많은 연구자들에게 희망을 던져주기에 충분했다. 2013년 국
제 뇌-컴퓨터 인터페이스 미팅을 기점으로 뇌-컴퓨터 인터페
이스의 정의도 점차 바뀌었다. 현재 널리 받아들여지는 뇌-컴
퓨터 인터페이스의 정의는 다음과 같다. (자세히 보면, 월포 교수
의 정의에서 '사용자의 뇌 상태를 추정하는 기술'이 추가되었다.)

"뇌-컴퓨터 인터페이스는 신경신호를 해독해 외부 기기를 제어하거나 외부와의 의사소통을 가능하게 하거나 사용자의 뇌 상태를 추정하는 기술이다."

# 10 인간적인, 너무나 인간적인

## 진화하는 가상 비서들

"너무 오래 앉아 있으셨어요. 일어날 시간입니다."

"지금 걷기 운동 중이신가요? 페이스를 기록하겠습니다."

스마트 워치가 보급되면서 웨어러블 디바이스가 우리의 행동을 분석하고 적절한 조언을 해주는 일이 전혀 어색하지 않게 되었다. 일상생활에서 사용자의 상태를 파악하고 알맞은 조언을 제공하는 이런 가상 비서virtual assistant 서비스는 나날이 진화하고 있다.

우리가 늘 사용하는 스마트폰의 대화형 AI도 일종의 가상 비서라고 볼 수 있겠지만, 우리가 기대하는 진정한 가상 비서의 모습은 SF 영화 속에서 보다 쉽게 접할 수 있다. 영화 〈아이언맨<sup>Iron Man</sup>〉의 자비스나 2014년 영화 〈그녀<sup>Her</sup>〉의 사만다는 정형화된 대화를 나누는 수준에서 벗어나 마치 인간과 대화를 나누는 것과 같은 착각마저 불러일으킨다. '주인'의 주변 환경을 인식하는 것은 기본이고 시키지 않아도 척척 스케줄을 관리해 주고 톡톡 튀는 농담을 건네기까지, 웬만한 인간 비서보다도 뛰어나게 비서 역할을 수행한다. 심지어 영화 〈그녀〉에서 주인공 테오도르는 대화형 AI 비서인 사만다에게 사랑의 감정을 느끼기까지 한다.

2014년에는 유진 구스트만<sup>Eugene Goostman</sup>이라는 대화형 AI가 튜링 테스트<sup>Turing test</sup>*를 통과했고, 2023년에는 챗GPT<sup>ChatGPT</sup>가 대화의 맥락을 이해하며 인간과 대화를 나누는 수준까지 도달했다. 하지만 그럼에도 아직까지 영화 속의 가상 비서를 완벽하게 구현해 내지는 못하고 있다. 물론 상황과 맥락을 이해하는 AI 기술의 발전도 필요하겠지만, 인간 비서와 대화하는 것과 같은 느낌을 주려면 가상 비서에게 인간의 감정을 인식하는 능력도 부여해야 할 것이다. 예를 들어, 가상 비서가 주인의 감정을 읽어낼 수 있다면, 다음과 같은 서비스가 가능할 것이다.

---

* 영국의 수학자 앨런 튜링<sup>Allen Turing</sup>이 1950년에 개발한 인공지능 판별 테스트로서, 대화 상대가 컴퓨터라는 것을 모르는 상황에서 인간이 상대를 인간으로 인식하면 인공지능은 테스트에 통과하게 된다.

"주인님, 우울하신가요? 기분 전환을 위해 제가 추천해 드리는 음악을 한번 들어보시겠어요?"

"주인님, 오늘따라 스트레스 지수가 많이 높아요. 잠시 일을 쉬시고 주인님을 위해 제가 준비한 명상 프로그램을 한번 시도해 보시면 어떨까요?"

"주인님, 오늘은 금연 10일째입니다. 잘 참아내고 계시네요. 어제보다 오늘은 한결 마음이 편안해지신 듯해요. 오늘도 힘내세요!"

"주인님의 생체리듬이 불안정하네요. 아마도 어제 잠을 편하게 못 주무셔서 그런 것 같아요. 업무 집중도도 많이 떨어져 있는데, 따뜻한 차 한잔은 어떠세요?"

기계가 사람의 감정 상태를 읽어내는 방법에는 여러 가지가 있는데, 상대방의 감정을 가장 쉽게 알아내는 방법은 대화를 나눌 때 그 사람의 목소리를 분석하는 것이다. 이런 기술을 '발화 감정 인식speech emotion recognition'이라고 하는데, 이는 수십 년의 역사를 가지고 있고 그 정확도도 이미 상당한 수준이다. 다시 말해, 음성에 포함된 미묘한 톤과 피치의 변화와 음색 등을 분석하면 다양한 감정을 높은 정확도로 분류해 낼 수 있다. 실제로 아마존Amazon의 음성 인식 비서 '알렉사Alexa' 연구팀은 알렉사와 대화할 때 사용자의 음성을 실시간으로 분석해 감정을 인식하고 필요에 따라서는 알렉사의 음성에 감정을 싣는 서비스도 개발 중이다. 하지만 이 기술의 단점은 사용자가 말을 해야만 감정 인식이 가능하다는 데 있다. 하루 종일 혼자 지내거나 공부 또는 업무에 집중하고 있을 때는 무용지물이다.

　가장 성공한 웨어러블 기기인 스마트 워치도 가상 비서의 좋은 후보다. 현재 판매 중인 대부분의 스마트 워치에는 심장박동을 측정하는 기능이 탑재되어 있다. 심박수 측정을 위해서는 주로 광용적맥파photoplethysmography, PPG라는 생체 신호를 이용하는데, 이는 피부에 빛을 쪼인 뒤 반사되는 빛의 양을 측정함으로써 얻어낸다. 심장이 박동할 때 혈관 내에서는 헤모글로빈의 농도가 심장박동 주기에 맞추어 오르내리는데, 이때 헤모글로빈의 농도에 따라 빛의 반사율이 달라지는 특성을 이용해 심장박동을 측정하는 것이다. 일단 심장박동을 측정할 수 있으면 사용자가 흥분 상태에 있는지 안정 상태에 있는지를 알아낼 수 있다. 화가 날 때, 또는 사랑하는 상대를 마주쳤을 때, 심장이 빠르게 뛰는 것은 모든 이들에게서 공통적으로 나타나는 현상이다. 하지만 단순한 심박 정보는 사람마다 차이도 크고, 운동과 같은 다른 요인에 의해서도 영향을 받기에 자주 쓰이지는 않는다. 실제로는 심장박동 자체보다 심장박동의 시간에 따른 변화도가 더 유용한 정보다. '심박변이도heart rate variability, HRV'라고 불리는 이 지표는 3분에서 5분 정도 연속적으로 심장박동을 측정해 계산할 수 있는데, 심리학 분야의 여러 연구에 따르면 이 지표는 스트레스나 긴장, 불안과 같은 부정적인 감정 상태를 잘 반영한다. 하지만 뇌의 전반적인 건강 상태를 적절히 반영하는 심박변이도조차 시간에 따라 빠르게 변하는 감정 상태를 알아내기에는 적합하지 않다.

사람의 감정을 실시간적으로 가장 정확하게 알아낼 수 있는 방법은 바로 뇌파를 이용하는 것이다. 뇌파에는 사람의 긍정/부정 상태나 정신적인 스트레스와 같은 감정 상태뿐만 아니라 집중도나 지루함, 이해도 등과 같은 뇌의 다양한 상태 정보가 포함되어 있다. 예를 들어, 2022년 캐나다 뉴펀들랜드메모리얼대학교의 마샤 바게리Masha Bagheri 교수와 세라 파워Sarah Power 교수는 뇌파를 이용해 사용자의 인지 부하cognitive load*와 스트레스 정도를 높은 정확도로 알아내는 기계학습 기술을 발표했다. 그녀들은 피실험자 18명을 대상으로 특정한 과제를 수행하도록 하면서 실시간으로 인지 부하와 스트레스 정도를 측정했는데, 개인의 주관적인 평가 결과와 80퍼센트 이상의 일치도를 보였다. 우리 연구팀에서 같은 해에 발표한 연구에서는 머리둘레를 따라 10여 곳에서 측정된 뇌파에 기계학습을 적용했을 때 긍정 또는 부정 감정을 90퍼센트 이상의 정확도로 분류해 낼 수 있었다.

이처럼 뇌파로부터 사람의 감정을 읽어내는 수동형 뇌-컴퓨터 인터페이스 기술은 가상 비서 서비스와 결합되어 기존에 없던 새로운 서비스를 만들어 낼 것으로 기대된다. 하지만 아직까

---

\* 특정한 과제를 해결하는 데 요구되는 인지적 부담을 뜻한다.

지도 찜찜하게 남아 있는 문제가 있다. 뇌파를 측정하기 위해서는 여전히 머리에 무언가를 뒤집어써야 한다는 것이다. 손목시계조차도 거추장스럽다며 착용하지 않는 이들이 많은데, 과연 가상 비서에게 자신의 감정을 알려주기 위해 뇌파 측정 장치를 머리에 쓰고 다닐까? 이는 실용성과 관련된 어려운 문제다.

## 킬러 애플리케이션

테니스 선수나 농구 선수는 경기 중 머리에서 나는 땀이 눈에 들어가는 것을 방지하기 위해 종종 헤드밴드를 착용한다. 이런 밴드는 흔히 '스포츠 헤드밴드'라고 불린다. 이미 널리 쓰이는 형태이기도 하고 착용도 간편하기 때문에. 기존의 웨어러블 뇌파 측정 장치는 대부분 스포츠 헤드밴드의 형태로 만들어졌다. 헤드밴드형 뇌파 측정 장치는 주로 이마 부위에서 뇌파를 측정하는데, 이는 이마 부위에서 측정된 뇌파가 집중력, 감정, 심신 안정도를 반영할 뿐만 아니라 머리카락이 없는 이마에서 측정된 신호의 품질이 우수하기 때문이다. (구글 이미지 검색에서 'headband EEG'로 검색하면 수많은 헤드밴드형 뇌파 측정 장치를 볼 수 있다.)

하지만 이마가 아닌 다른 위치에서 뇌파를 측정하면 헤드밴드형 뇌파 측정기로는 얻을 수 없는 새로운 정보를 얻을 수 있다. 예를 들어, 시각 자극에 대한 선호도는 후두엽 부위에서 측정할 수 있고, 감정적인 흥분도는 머리 전체에서 측정한 뇌파를 종합적으로 분석해야만 비로소 정확한 값을 얻을 수 있다. 하지만 이마 이외의 위치에서 뇌파를 측정하는 데는 역시 머리카락이 방해가 된다. 뇌파는 신경세포가 활동할 때 발생하는 전류가 머리 표면에서 측정되는 것인데, 전류가 흐르지 않는 부도체인 머리카락 위에서는 뇌파를 측정할 수가 없다.

실험실에서 뇌파를 측정할 때는 전극과 두피 사이에 전류가 잘 흐르도록 특수한 전기전도성 젤을 사용한다. 헤어 디자이너들이 쓰는 젤과 비슷하게 투명하면서도 끈적거린다. 전극 밑면에 젤을 바르거나 주사기를 통해 전극 가운데에 뚫린 구멍으로 젤을 밀어 넣으면, 머리 위에 전극을 고정할 수 있다. 하지만 젤을 사용하려면 숙련된 실험자의 도움이 필요하고, 측정이 끝난 뒤에도 머리를 감지 않으면 머리가 엉망이 되기에 실생활에서 쓰기는 쉽지 않다. 그렇다고 뇌파를 측정하려고 머리를 스킨헤드처럼 밀어버리자는 것도 현실성이 떨어진다. 최근에는 올록볼록한 돌기가 튀어나와 머리카락을 비집고 두피와 접촉하는 특수 전극들도 출시되고 있지만, 아직은 신호의 질이 좋지 않고 장시간 사용할 경우 접촉 부위에 통증이 발생하는 단점이 있다.

현재는 귀 주변에서 측정하는 방식도 연구되고 있다. 이런 방식을 '귀-뇌파*ear-EEG*'라고 부르는데, 최근에는 많은 이들이 무선 이어폰을 착용하고 다니기에 이어폰과 유사한 장치를 귀 주변에 착용하고 다니는 것에 대해 전혀 거부감이 없을 것이다. 문제는 귀 주위에서 측정한 뇌파가 민감도가 떨어지고 뇌 상태를 잘 반영하지 못한다는 데 있다. 2010년대 초, 나는 귀-뇌파 측정 장치가 개발되었다는 이야기를 처음 듣고는 '귀에서 측정되는 뇌파는 전혀 쓸모가 없을 텐데' 하고 평가했었다. 그럼에도 귓구멍이 아니라 귓바퀴의 뒷부분이나 귀의 앞부분으로 영역을 확장한 덕분에, 이런 측정 장치로도 주의 집중도나 심신 안정도에 관한 정보를 획득할 수 있게 되었다.

귀-뇌파 분야에서 국내 기업들의 활약은 대단하다. 국내 모 자동차 부품 전문 회사는 귀걸이형 뇌파 측정기를 개발해 버스 운전기사의 주의력 하락을 감지하고 경고음을 내는 서비스를 개시했다. 국내 모 제약 회사는 유선 이어폰 형태의 뇌파 측정기를 개발해 뇌전증 환자들의 발작을 조기에 감지하는 기술을 발표하기도 했다. 그런가 하면, 국내 모 전자 회사는 이어버드에 뇌파 측정 기능을 삽입해 수면의 질을 높이고 마음을 안정시키는 명상 콘텐츠를 출시했다.

하지만 기존의 웨어러블 뇌파 측정기는 여전히 크기가 크고 투박하기 때문에 일상적으로 착용하고 다니기에는 불편하다. 예컨대, 국내 전자 회사가 개발한 이어버드형 뇌파 측정기는 기존 이어버드보다 사이즈가 2배 이상 크기에 패션 아이템으로 쓰이기에는 턱없이 부족하다. 그래서 수동형 뇌-컴퓨터 인터페이스 연구자들은 이런 불편함을 감수하면서도 그들의 기술을 쓸 수밖에 없게 만드는, 이른바 '킬러 애플리케이션'을 찾기 위해 노력하고 있다.

그 가운데 교육 관련 애플리케이션이 가장 먼저 부상하고 있다. 2020년은 인류의 역사에서 코로나19가 강타한 해로 기록될 것이다. 코로나19는 사회, 경제, 교육 등 수많은 분야에 격변을 일으켰다. 화상회의나 온라인 쇼핑은 코로나19를 기점으로 누구나 즐겨 사용하는 도구가 되었고, 비대면 경제활동을 의미하는 '언택트un-tact'라는 신조어가 생겨나기도 했다. 교육 분야도 예외는 아니다. 온라인 학습은 코로나19 이전에도 있었지만 이제는 필수적인 교육 수단이 되었다. 그럼에도 인터넷으로 제공되는 동영상 강의는 강의실에서의 학습과는 분명한 차이가 있다. 기존의 인터넷 강의는 정보를 일방적으로 전달하는 방식으로, 동영상에 등장하는 교사와 학습자는 거의 아무런 상호작용도 하지 않는다.

그런데 개별 학습자의 뇌 상태, 즉 집중도, 이해도, 지루한 정도와 같은 정보가 인공지능 교사에게 직접 전달된다면 어떨까? 학생의 상태를 반영해 자동적으로 강의 난이도를 바꾼다거나 학습 콘텐츠를 바꿀 수 있지 않을까? 예컨대 학생이 지루함을 느끼거나 집중력이 떨어지면 주의를 환기시키는 영상 콘텐츠를 보여주고, 이해도가 떨어지면 같은 내용을 다른 방식으로 설명하는 영상을 제공할 수 있을 것이다. 이러한 뉴로에듀케이션neuro-education 기술이 개발된다면, 개인 교습의 필요성은 현저하게 줄어들 것이다. 우리가 개인 교습을 받는 이유는 교사가 우리의 이해도나 집중도를 그때그때 반영하며 맞춤형 교육을 제공하기 때문인데, 이처럼 뇌공학과 인공지능이 결합된 뉴로에듀케이션을 이용하면 보다 저렴한 맞춤형 교육이 가능해지기 때문이다.

최근 우리 연구팀에서는 한 가지 실험을 진행했다. 학생들에게 1시간 분량의 동영상 강의를 틀어주고 뇌파로 집중력을 추적하면서, 집중도가 일정 수준보다 떨어지면 집중력을 올리기 위한 콘텐츠를 보여주는 것이었다. 대학생 45명을 모집한 뒤 15명씩 세 그룹으로 나누었는데, 한 그룹에는 뉴로에듀케이션 방식을 적용했고 나머지 두 그룹에 속한 학생들에게는 동영상 강의만 틀어주거나 집중력과 관계없이 임의로 집중력 향상 콘텐츠를 틀어주었다. 결과는 흥미로웠다. 대조군에 속한 학생들의 평균 시험 점수는 50점대에 머문 반면, 실험군에 속한 학생들의 평균 시험 점수는 80점대 후반으로 상승한 것이다.

영화 산업에서는 이미 이와 비슷한 방식이 적용된 바 있는데, 미국의 영화감독 리처드 램천Richard Ramchurn의 2018년 영화 〈더 모멘트The Moment〉가 바로 그 사례다. 이 영화를 보려면 극장이 아닌 컴퓨터를 이용해야 하고, 전전두엽에서 발생하는 뇌파를 측정하는 헤드밴드를 착용해야 한다. 이 뇌파 측정기는 관객의 집중도와 심신 안정도를 시시각각 측정해 그때그때 배경음악, 등장인물, 스토리를 바꾸어 준다. 램천은 27분짜리 영화를 위해 75분 분량의 영상을 촬영했는데, 그에 따르면 시청자의 뇌 상태에 따라 무려 101조 개의 서로 다른 버전의 영화가 만들어질 수 있다.

킬러 애플리케이션의 또 다른 유망한 주제로는 수면이 있다. 수면은 깨어 있는 동안의 업무 효율이나 개인 건강에 커다란 영향을 끼치는데, 우리나라 국민의 경우 수면의 질이 그리 높지 않다고 알려져 있다. 2023년의 글로벌 수면 인식 조사에 따르면, 우리나라 국민의 평균 수면 시간은 미국, 일본, 중국, 인도, 영국, 독일, 프랑스, 멕시코, 싱가포르, 호주, 브라질 등 조사에 참가한 다른 12개국의 평균 수면 시간인 7.16시간보다 훨씬 짧은 6.9시간으로 나타났다. 또한 조사에 참가한 한국인 응답자들 가운데 10퍼센트 정도만이 "아침에 일어날 때 상쾌하고 행복한 기분이 든다"라고 답했으며, 이와 반대로 "피곤하고 불행하다고 느낀다"라는 답변은 59퍼센트에 달했는데 이는 12개국 평균 수치의 2배를 넘어서는 값이다.

앞서 소개한 캐나다의 인터랙슨은 최근 '뮤즈 S'라는 모델을 출시하며 수면 뇌공학 분야에도 뛰어들었는데, 이 제품은 뇌파를 실시간으로 분석해 현재의 수면 단계를 파악한 다음 깊은 잠을 유지하는 데 도움이 되는 음악을 틀어주는 웨어러블 뇌-컴퓨터 인터페이스 장치다. 글로벌 대기업인 필립스도 수면의 질을 높이기 위한 뇌파 헤드셋인 딥 슬립 헤드밴드를 개발해서 2020년 라스베이거스에서 열린 세계가전전시회[CES]에서 공개하기도 했다.

웨어러블 뇌파 측정기를 머리에 두르고 잠을 자면 밤새 얼마나 깊은 잠을 잤고 얼마나 자주 깼는지, 다시 말해 수면의 질을 측정하는 것이 가능하다. 이런 기능은 평소 잠을 잘 자지 못하는 이들에게는 특히 유용할 것이다. 먼저 이 기술을 이용하면 혼자서도 숙면에 영향을 주는 요인이 무엇인지 찾을 수 있다. 커피를 자주 마시는 사람이라면, 하루 동안 커피를 마시지 않고 그날 얼마나 깊은 잠을 잤는지 이전과 비교해 볼 수 있다. 늦은 밤 한 잔씩 마시는 와인이라든지 식후에 태우는 담배, 저녁에 하는 운동이 자신의 수면에 어떤 영향을 주는지 알아내면, 생활 습관을 교정함으로써 보다 질 높은 수면을 취하는 것이 가능하다.

물론 아직은 해결해야 할 문제가 많다. 불면증으로 고생하는 이들은 보통 예민한 편인데, 이들의 경우 거추장스럽게 머리에 무언가를 뒤집어쓰면 오히려 잠을 더 설치기도 한다. 무엇보다 이런 웨어러블 헬스케어 제품은 장년층이나 노년층에게 효과가 클 것이라고 예상되는데, 높은 연령층에는 디지털 기기에 익숙하지 않은 이들이 많다는 점이 이런 웨어러블 기기의 보급을 늦추고 있다.

수면이나 교육 이외에도, 사용자의 감정을 읽고 가정용 로봇에 전송해 로봇이 사용자의 기분을 좋은 방향으로 유도하는 기술이 가능하다. 이런 기술은 홀로 외로이 살아가는 노인을 위한 애완용 로봇이나 타인과의 감정 교류를 익혀야 하는 자폐 아동을 위한 치료용 로봇을 위해 개발되고 있다. 2017년에 발간된《미국

로보틱스 로드맵《A Roadmap for US Robotics》에 따르면, 미국은 인간의 뇌에서 감정을 읽어 들여 로봇에 전송하는 기술을 2035년까지 개발하겠다는 계획을 수립했다.

이처럼 다양한 킬러 앱과 새로운 수동형 뇌-컴퓨터 인터페이스 기술이 계속해서 등장한다면, 가까운 미래에 '갤럭시 뉴로'나 '아이브레인'이 글로벌 뇌파 시장을 두고 경쟁을 벌이는 장면을 보게 되지 않을까 예상해 본다.

## 소비자의 뇌를 유혹하기

봄을 맞아 재킷을 한 벌 구입하려고 백화점 남성복 코너를 들렀다. 첫 번째 매장에서 한눈에 맘에 드는 재킷을 발견했다. 재킷이 너무 마음에 들기는 하지만, 같은 층의 다른 남성복 매장을 한 바퀴 다 돌고 나서야 다시 첫 번째 매장으로 돌아와 재킷을 구매했다. 쇼핑을 그다지 즐기지 않는 나조차도 이런 경험이 있을 정도이니, 독자들은 비슷한 경험을 더 자주 해보았을지도 모르겠다. 첫눈에 원하던 물건을 찾았는데 우리는 왜 쇼핑을 계속하는 것이며, 다시 돌아와 결국 처음 고른 물건을 사는 것일까? 소비 심리를 연구하는 학자들은 이런 현상을 '구매 후 합리화 post-purchase rationalization'라는 용어로 설명한다. 구매 후 합리화는 구매한 뒤 우리의 결정을 정당화하는 인지 과정이다. 우리가 돈을 지불하고 물건을 구매할 때는 스스로 올바른 선택을 했다는 확신을 자신에게 심어주어야 비로소 마음이 편해지기 때문이다. 우리 뇌의 감정을 담당하는 변연계가 이미 구매 결정을 내렸음에도, 이성을 담당하는 전전두엽은 다른 매장을 돌며 자신의 결정이 옳았다고 합리화하는 것이다.

이처럼 우리 뇌가 항상 '합리적인' 결정을 내리지는 않는다. 누구나 충동적으로 구매하고 후회한 적이 있을 것이다. 구매 결정에 감정이 개입하는 경우는 흔한 일인데, 특히 슬프거나 걱정이 많은 부정적인 감정 상태에서는 충동적인 구매 결정을 내리기가 더 쉽다고 알려져 있다. 우리의 감정이 이성적인 결정을 방해하기도 하거니와, 쇼핑 자체가 기분 전환을 돕기 때문이다. 그렇다면 고객의 감정을 읽어내는 기술이 개발된다면 어떨까? 아마도 이 기술에 가장 큰 관심을 보일 회사는 세계 최대의 온라인 쇼핑몰인 아마존Amazon이 아닐까 싶다. 아마존을 방문한 사용자가 부정적인 감정 상태라면 비싸고 고급스러운 상품 광고를 전면에 게시하고, 긍정적인 감정 상태라면 가성비가 높은 상품 광고를 게시하는 식으로 이를 사용할 수 있기 때문이다. 별다른 효과가 없어 보일지라도, 이런 '맞춤형' 광고로 매출이 1퍼센트만 상승해도 엄청난 이득을 기대할 수 있다. 참고로 2021년 기준 아마존의 총 매출액은 5,780억 달러, 우리 돈으로 무려 750조 원에 달한다! 그런데 정말로 뇌-컴퓨터 인터페이스 기술을 이용해 우리 '뇌'가 좋아하는 제품이나 디자인을 알아내고, 더 나아가 소비자의 감정 상태를 읽어내는 것이 가능할까?

단언컨대, 가능하다. 이미 신제품을 출시하기 전에 뇌파나 기능적 자기공명영상 등을 통해 소비자의 반응을 예측하거나 광고 제작 과정에 활용하는 기술들이 개발되고 있다. 이제는 널리 알려진 이런 기술을 '뉴로마케팅neuromarketing'이라고 한다. 국내에서도 뉴로마케팅에 대한 관심이 높아지고 있는데, 우리 연구실에서도 이미 뇌파를 이용해 다양한 제품을 평가하는 연구를 수행하고 있다.

뉴로마케팅에 적용되는 뇌-컴퓨터 인터페이스 기술은 앞서 침습적 뇌-컴퓨터 인터페이스에서 설명한 지문 인식 방식과 크게 다르지 않다. 예를 들어, 2022년 우리 연구실에서는 뇌파에 기계학습을 적용해 제품에 대한 선호도나 사용자의 감정 변화를 추적하는 뉴로마케팅 기술을 개발했다. 기존의 연구에서는 사용자의 선호도나 감정을 평가하는 데 잘 알려진 몇 가지 뇌파 지표를 활용하는 것이 일반적이었지만, 개인마다 뇌파의 차이가 크기 때문에 기존 방식은 설문조사 결과의 보조 자료 정도로만 활용되어 왔다.

그래서 우리 연구팀은 실험 참가자에게 다양한 감정 상태를 유도하는 영상을 미리 보여주고 개인별로 감정 변화를 추적할 수 있는 기계학습 모델을 만드는 방법으로 뇌파의 개인차를 극복하고자 했다. 우리 연구팀은 국내 자동차 회사와 공동으로 차에 탑재된 감정 개선 장치가 실제로 감정 개선 효과가 있는지를 검증하는 실험을 진행했다(감정 개선 장치는 운전자의 감정 상태를 개선하기 위해 조명, 음악, 안마, 공기 등을 자동으로 조절하는 장치를 가리킨다). 이를 통해 감정 개선 장치가 실제로 부정적인 감정을 없애는 데 효과적이라는 사실을 증명했다.

수동형 뇌-컴퓨터 인터페이스 기술이 상용화되면 교육, 명상, 수면, 마케팅 분야에 큰 변화를 일으킬 것이다. 현재 수동형 뇌-컴퓨터 인터페이스 기술은 게임을 비롯한 엔터테인먼트나 뇌 건강을 관리하는 브레인 피트니스 서비스 등으로도 점차 그 영역을 확장해 가고 있다. 가장 큰 이슈가 되고 있는 문제는 뇌파의 개인차로 인해 개인별로 데이터베이스를 만들어야 한다는 점인데, 인공지능 기술의 발전에 힘입어 이런 문제가 가까운 미래에는 해결될 것으로 보인다.

# 11 마음을 해부하는 알고리즘

## 인간 지능을 모방하는 인공지능

2023년, 일론 머스크와 마이크로소프트 등이 투자한 인공지능 연구소인 오픈AI^OpenAI가 출시한 챗GPT라는 대화형 인공지능이 놀라운 성능을 보여주며 국내외에서 큰 화제를 불러일으켰다. 챗GPT는 기본적으로 '트랜스포머^transformer'라는 딥 러닝 구조에 바탕을 두고 있는데, 간단히 설명하면 트랜스포머는 언어를 이해하는 구조와 언어를 생성하는 구조가 서로 연결된 형태를 띤다. 이는 우리 뇌에서 언어를 이해하는 베르니케 영역과 언어를 생성하는 브로카 영역이 서로 정보를 주고받으며 의사소통을 하는 원리와 매우 유사하다. 물론 트랜스포머라는 딥 러닝 알고리즘이 인간의 뇌를 모방해 만들어진 것인지는 확실치 않지만, 최근 인공지능 분야에서 인간 뇌의 작동 원리를 모방해 새로운 인공지능을 만들어 내는 것이 새로운 트렌드로 자리 잡고 있다는 것만은 확실하다.

물론 오늘날의 인공지능은 그 시작부터 뇌신경계의 원리를 모방해 만들어진 것이다. 1943년에 워런 매컬러Warren McCulloch와 월터 피츠Walter Pitts가 인공신경 모델을 고안해 냈을 때, 이는 신경망의 원리를 모방한 것이었다. 하나의 뉴런에 여러 개의 시냅스가 연결되어 있을 경우, 여러 시냅스가 동시에 활성화되면 뉴런이 활동하는 간단한 수학적 모델이었다. 그리고 이 모델로부터 출발한 인공신경망은 훗날 심층신경망의 기초가 되었다. 그뿐만이 아니다. 딥 러닝에서 가장 널리 사용되는 모델인 합성곱신경망은 이미지를 인식할 때 단순한 형태에서 시작해 점점 복잡한 형태를 인식하는 계층적 구조를 갖고 있는데, 우리 인간의 시각피질에서 사물을 인식할 때도 합성곱신경망과 비슷하게 직선이나 곡선과 같은 단순한 형태에서 시작해 점차 세부적인 형태를 인식하는 계층 구조를 사용한다. 그런가 하면 최근 널리 사용되는 장단기 기억long-short term memory, LSTM 신경망이라는 인공지능 모델은 먼 과거의 데이터 가운데 중요한 데이터만 선별적으로 기억해 활용하는 장기 기억이라는 개념을 사용한다. 사실 우리 인간도 모든 것을 다 기억하는 것이 아니라 중요한 정보만을 선택적으로 장기 기억의 형태로 저장한다.

이처럼 우리 뇌와 인공지능은 많은 유사성을 갖고 있다. 하지만 대부분의 인공지능 알고리즘은 인간의 뇌를 모방해 만들어진 것이 아니다. 인공지능 연구자들이 지난 수천 년간 발전해 온 수학이라는 유용한 도구를 이용해 창조한 것이다. 하지만 최근 들어 다시 인간의 뇌를 모방함으로써 새로운 인공지능을 만들어 내고자 하는 시도가 늘고 있는데, 왜 그런 것일까? 여기에는 몇 가지 이유가 있다.

먼저, 인공지능으로 하여금 인간의 일을 대신하게 하려면 인간과 비슷하게 판단하고 결정할 수 있어야 하기 때문이다. 인간의 뇌를 모방하면 인간과 비슷한 결정을 내리는 인공지능을 만들 수 있을지도 모른다는 기대감에서 출발한 것이다. 하지만 더욱 중요한 이유는 인간의 뇌가 우리가 아는 한 가장 효율적으로 진화한 컴퓨터라는 데 있다. 인간의 뇌는 제한된 에너지와 제한된 신경세포를 활용해 생존에 필요한 최대한의 성능을 끌어내도록 진화했다. 실제로 인간 뇌의 신경세포와 비슷한 개수의 트랜지스터로 구성된 컴퓨터를 동작시키는 데 필요한 에너지는 인간의 뇌가 쓰는 에너지의 10만 배 이상이다. 가장 최적화된 컴퓨터인 인간의 뇌를 모방하면 에너지를 최소로 쓰면서도 최고의 성능을 발휘하는 인공지능을 만들 수 있을지 모른다.

우리 뇌의 효율성을 가장 극적으로 보여주는 특성 중에는 '작은 세상 네트워크small-world network'라는 것이 있다. 작은 세상 네트워크란 가까이 있는 신경세포들은 직접 연결되지만 멀리 떨어진 자주 교류하지 않는 신경세포들은 '허브 뉴런hub neuron'이라고 불리는 매개체를 통해 간접적으로 연결되는 특성을 의미한다. 우리 주위에서는 항공망에서 이와 유사한 특성을 관찰할수 있다. 국내선 항공망은 각 지방을 직접 연결하지만, 다른 나라와 연결하는 국제선 항공망은 인천공항이나 뉴욕의 존 F. 케네디 국제공항과 같은 허브 공항을 통해 간접적으로 전 세계를 연결한다. 작은 세상 네트워크를 구성하면 에너지 효율을 높일 수 있기 때문이다. 예를 하나 들어보자. 전남 무안군에 위치한 무안 국제공항과 프랑스 남부 도시인 니스의 니스 코트다쥐르 국제공항이 직항편으로 연결된다면 어떨까? 아마도 이용자가 많지 않아 이 노선은 머지않아 폐지될 것이다. 그래서 우리는 무안과 니스를 직접 연결하는 대신 허브 공항이라는 것을 이용한다. 무안 인근에 사는 주민은 우선 허브 공항인 인천공항까지 이동한 다음, 인천공항에서 프랑스 파리에 있는 샤를드골공항으로 향하는 비행 편으로 갈아타고, 역시 허브 공항인 샤를드골 공항에 도착해 다시 니스행 비행 편으로 갈아타는 것이다. 사용자 입장에서 보면 항공기를 두 번 갈아타야 하니 불편함이 크겠지만, 전 세계의 항공망 측면에서는 비용을 절감하면서도 항공망을 가장 효율적으로 운영할 수 있는 방법이다. 극히적은 양의 에너지로 생존에 필요한 최대의 효율을 만들어 내야하는 인간의 뇌는 아주 잘 조직화된 작은 세상 네트워크를 갖고 있다. 2019년에 미국 캘리포니아대학교 샌디에이고캠퍼스 연구팀은 인간 뇌의 작은 세상 네트워크를 모방해 '스몰월드넷 SmallWorldNet'이라는 새로운 딥 러닝 구조를 제안했는데, 이 구조를 사용하면 기존의 딥 러닝 방법보다 무려 2.1배나 정보를 더 효율적으로 처리할 수 있다.

그런가 하면 우리 뇌의 발달 과정을 모방한 인공지능 알고리즘도 있다. 우리 인간은 생후 2년까지 수많은 신경세포들이 서로 연결되어 아주 복잡한 시냅스 구조를 형성한다. 그러다 나이가 들면 사용하지 않는 시냅스를 잘라내 단순한 구조를 만드는데, 이런 현상을 '시냅스 가지치기synaptic pruning'라고 한다. 2015년에 스탠퍼드대학교 연구팀은 뇌 발달 과정에서의 시냅스 가지치기 현상을 모방해, 인공신경망에서 잘 쓰이지 않는 연결을 잘라냄으로써 신경망의 효율을 높이는 방법을 제안했다. '프루닝 pruning'이라고 불리는 이 방법은 현재까지도 딥 러닝 구조의 설계 과정에서 널리 쓰이고 있다.

최근에는 인간 뇌의 특정 기능을 모방한 인공지능도 개발되고 있다. 우리 뇌의 편도체는 공포기억을 관장하는 부위로 잘 알려져 있다. 이 부위는 어떤 대상이 갑자기 등장했을 때, 그 대상이 위험한 존재인지를 파악하는 역할을 하지만, 실제 상황에서는 그러한 판단을 내리기도 전에 일단 피하고 봐야 하는 경우도 많다. 그래서 우리 인간의 뇌에는 편도체를 거쳐 공포 대상인지 아닌지를 판단하는 경로와 편도체를 거치지 않고 일단 반사행동을 하도록 하는 경로가 둘 다 존재한다. 허약하고 날쌔지도 않은 호모사피엔스 종이 야생에서 생활하던 시절, 조금이라도 생존 확률을 높일 수 있도록 진화한 결과다. 2019년에는 베이징 과기대학교의 차오 공Chao Gong 박사 연구팀이 인간 뇌의 편도체와 관련된 두 경로를 모방해 인간의 감정을 인식하는 인공지능을 구현했는데, 이는 기존 방식보다 훨씬 빠르고 정확하게 감정을 인식해 냈다.

그런가 하면 인간은 눈앞의 사물을 인식할 때, 그것이 무엇인지를 파악하는 경로와 어디에 있는지를 파악하는 경로를 나누어서 정보를 처리한다. 그런데 이때 사물이 어디에 있는지를 파악하는 경로가 무엇인지를 파악하는 경로보다 처리 속도가 더 빠르다. 어떤 대상이 나타났을 때, 조금이라도 더 빠르게 위협에서 벗어나기 위해서는 눈앞의 대상이 무엇인지를 분석하는 것보다 어디에 있는지를 알아채는 것이 더 중요하기 때문이다. 2021년에 중국 상하이자오통대학교 연구팀이 이런 뇌의 특성을 모방해 패스트슬로넷FastSlowNet이라는 컴퓨터 비전 알고리즘을 제안했다. 이 알고리즘을 사물 인식 분야에 적용했더니, 놀랍게도 10분의 1의 에너지만 쓰고도 기존의 알고리즘과 맞먹는 인식 성능을 보였다.

뇌-컴퓨터 인터페이스 이야기를 하다가 갑자기 뇌를 모방한 인공지능 이야기가 등장해 의아할지도 모르겠다. 앞서 살펴본 것처럼 인간의 뇌를 모방함으로써 새로운 인공지능 기술을 만들어 낼 수 있는데, 이런 과정으로 만들어진 인공지능은 뇌-컴퓨터 인터페이스의 성능을 비약적으로 높이는 데 쓰일 수 있다. 뇌를 연구해 만든 인공지능이 다시 뇌를 연구하기 위해 쓰일 수 있다니, 참으로 아이러니한 일이다.

## 딥 러닝의 새로운 각축장

지금은 인공지능의 대명사처럼 불리는 딥 러닝이 등장하기 전, 인공지능 분야에서 가장 앞서가는 기술은 '기계학습'이라고 불리는 알고리즘이었다. 물론 큰 범주에서 딥 러닝도 기계학습의 일종으로 볼 수 있지만, 전통적인 기계학습은 학습 과정에 인간이 개입해 분류하고자 하는 대상의 '특징'을 컴퓨터에 알려주어야 했다. 예를 들어, 연어 사진과 대구 사진을 비교하고 분류하는 인공지능 모델을 학습시킨다고 가정해 보자. 전통적인 기계학습을 사용하는 경우라면, 기계학습 모델을 학습시키기 전 사람이 먼저 연어와 대구의 사진을 관찰하고 특징적인 면을 찾아내야 한다.

이제 기계학습 모델을 학습시키는 사람이 연어와 대구의 사진을 관찰해 지느러미 개수나 몸의 길이에서 차이를 발견했다고 가정하자. 그는 기계학습 모델에 '물고기의 지느러미 개수와 몸의 길이를 비교해 보라'는 일종의 힌트를 줄 수 있다. 기계학습을 실행하는 컴퓨터는 주어진 학습 데이터로부터 각 물고기의 지느러미 개수와 몸의 길이 정보를 뽑아내서 최적의 분류 모델을 만들어 낸다. 하지만 딥 러닝은 전통적인 기계학습과 달리 인간의 개입을 전혀 필요로 하지 않는다. 딥 러닝은 인간이 일일이 분류 대상의 특징을 찾아내 알려주지 않더라도 스스로 학습해 대상의 특징을 찾아낼 수 있다. 그뿐만이 아니다. 많은 경우 인간이 직접 특징을 찾는 것보다 인공지능이 특징을 찾아내게 하면 더 뛰어난 성능을 얻을 수 있다.

뇌파를 비롯한 다양한 뇌 신호를 이용해 사람의 뇌 상태나 감정을 알아내는 수동형 뇌-컴퓨터 인터페이스는 딥 러닝으로부터부터 가장 큰 혜택을 받은 분야다. 미국 발명가인 휴고 건스백이 1919년에 기고한 「생각 기록 장치」라는 글에는 종이테이프에 기록된 뇌파 신호를 그 옆에 앉은 비서가 눈으로 해독해 뇌파 주인의 생각을 읽어내는 장면이 등장한다. 인터넷에서 '뇌파'를 검색하면 "뇌파는 주파수에 따라 델타, 세타, 알파, 베타, 감마로 나뉘며 각 뇌파는 서로 다른 뇌 상태를 나타낸다"라는 설명을 찾을 수 있다. 하지만 우리 뇌에서 발생하는 뇌파는 특정한 수면 상태나 심한 졸음 상태인 경우 등을 제외하고는 눈으로 판독하는 것이 불가능하다. 건스백의 상상이 현실에서는 불가능한 일이다.

전통적인 기계학습의 대표적인 알고리즘인 선형 판별 분석linear discriminant analysis, LDA이나 서포트 벡터 머신support vector machine, SVM으로 사람의 뇌 상태를 파악하기 위해서는, 뇌파로부터 특정 주파수 대역의 에너지를 계산한 뒤 이를 다시 의미 있는 특징으로 변환하는 과정을 거쳐야 한다. 예를 들어, 긍정적이거나 부정적인 감정 상태를 가장 잘 반영하는 것으로 알려진 뇌파 지표로는 전두엽 알파 비대칭성frontal alpha asymmetry, FAA이라는 것이 있다. 이는 지난 20년간 수동형 뇌-컴퓨터 인터페이스 분야에서 가장 널리 사용된 지표로서, 전두엽의 오른쪽 영역은 부정적인 감정이나 행동을 처리하고 전두엽의 왼쪽 영역은 긍정적인 감정이나 행동을 처리한다는 이론에서 출발한다. 이런 성질은 뇌파의 알파파 주파수 대역(8~12헤르츠)에서 가장 뚜렷하게 관찰되는데, 부정적인 감정일 때는 오른쪽 전두엽의 활동이 증가해 전두엽 알파 비대칭성이 오른쪽으로 치우치고 긍정적인 감정일 때는 왼쪽 전두엽의 활동이 증가해 알파 비대칭성이 왼쪽으로 치우치게 된다. 전통적인 기계학습 모델에서는 이러한 지표들을 특징으로 활용해 감정 상태를 분류했다.

문제는 이런 지표들이 개인마다 차이가 크다는 데 있다. 우리 연구팀에서는 20명의 실험 참가자들에게 각각 행복한 감정을 유발하는 영상과 불쾌한 감정을 유발하는 영상을 보여주며 뇌파를 측정해 보았다. 예상한 대로, 대다수 참가자에게서는 불쾌한 감정이 유발되었을 때 오른쪽으로 치우친 전두엽 비대칭성이, 행복한 감정이 유발되었을 때는 왼쪽으로 치우친 전두엽 비대칭성이 관찰되었다. 통계적으로도 유의미한 수준으로 감정 상태가 좌뇌와 우뇌의 활동에 서로 다른 영향을 주는 것으로 밝혀졌다. 문제는 몇몇 실험 참가자에게서는 이러한 경향이 완전히 거꾸로 나타난다는 데 있었다. 소수이기는 하지만, 10퍼센트 정도의 참가자들은 불쾌한 감정이 유발되었을 때 오히려 왼쪽 전두엽의 활동이 증가하고, 행복한 감정이 유발되었을 때는 오른쪽 전두엽의 활동이 증가했다.

왜 이런 현상이 나타나는지 질문을 받는다면, 안타깝지만 '나도 그 이유를 알고 싶다'고 다소 무책임하게 답변할 수밖에 없다. 이는 사람들이 모두 오른손잡이가 아닌 이유를 아직 완벽하게 설명하지 못하는 것과 같다. 실제로 인간의 언어 영역은 좌뇌에 위치한다고 알려져 있지만, 전체 인구 가운데 약 7.5퍼센트의 사람들은 우뇌에 치우친 언어 중추를 갖고 있다. 그런가 하면, 흉부의 왼쪽에 자리 잡고 있어야 할 심장이 오른쪽에 위치한 사람도 약 1만 2,000명 중 1명꼴로 드물기는 하지만 지속적으로 보고되고 있다.

문제는 전두엽 알파 비대칭성과 같은 지표를 통해 사람의 감정을 분류하는 기계학습 모델을 만들게 되면, 10퍼센트에 달하는 어떤 이들의 감정 상태는 반대로 인식할 수 있다는 데 있다. 인간이 실험과 연구를 통해 경험적으로 찾아낸 뇌파의 특징이 모든 이들에게 공통적으로 적용할 수 있을 만큼 정확하지는 않을 수 있다는 말이다. 하지만 딥 러닝은 뇌파로부터 인간이 찾아내지 못한 특징을 찾아낼 수도 있지 않을까?

우리는 이미 새로운 특징을 찾아내는 능력에서 딥 러닝을 비롯한 인공지능이 인간보다 더 뛰어날 수도 있다는 사실을 경험적으로 알고 있다. 가장 대표적인 사례는 독자들도 잘 알고 있을 것이다. 바로 구글 자회사인 딥마인드<sup>DeepMind</sup>가 개발한 바둑 인공지능, 알파고다. 2016년에 바둑 세계 챔피언인 이세돌을 상대로 4 대 1의 압도적인 스코어로 승리를 거둔 알파고는 사실 인간 고수들의 기보를 바탕으로 초기 학습을 진행했다. 그렇다 보니 바둑의 정석에서 크게 벗어나는 수를 두는 경우는 많지 않았다. 사람은 바둑을 배울 때 정석이라는 것을 기반으로 학습하는데, 이 정석이라는 것은 지난 수천 년간 인간끼리 바둑을 두면서 얻은 일종의 경험적 규칙이다. 수많은 시행착오를 통해 사람들이 찾아낸 특징인 셈이다.

하지만 2017년 말에 구글 딥마인드에서 내놓은 알파고제로<sup>AlphaGo Zero</sup>는 다르다. 알파고의 업그레이드 버전인 알파고제로는 인간 고수들의 기보를 전혀 사용하지 않고 강화학습<sup>reinforcement learning</sup>만으로 학습을 진행했다. 강화학습이란 인공지능이 직접 수많은 시행착오를 거치면서 그 결과를 바탕으로 인공지능 모델을 계속해서 수정해 가는 학습 방법인데, 이는 학습 과정에서 인간의 경험이 전혀 반영되어 있지 않다는 의미에서 붙여진 '제로'라는 이름에서도 드러난다. 오늘날의 인공지능은 아직 많은 부분에서 인간의 뇌보다 성능이 떨어지기는 하지만, 빠른 계산 속도라는 장점을 갖는다. 컴퓨터 성능만 충분하다면 바둑 기사 수천 명이 평생 두어야 할 대국보다도 훨씬 많은 대국을 단 하룻밤 사이에 둘 수 있다. 이런 시행착오 과정을 거

치며 알파고제로는 인간이 만든 특징인 '정석'에 구애받지 않고
도 스스로 '정석'을 만들 수 있게 되었다.

그 결과로, 알파고제로는 이세돌에게 완승을 거두었던 알파
고(이세돌과 대결한 알파고라는 의미로 '알파고리^AlphaGo Lee'라고도
불린다)와 100번 겨루어 100번 모두 이겼다. 인간이 지난 수천
년간 경험적으로 쌓아 올린 바둑의 정석을 뒤엎는 데 불과 몇
달도 걸리지 않은 것이다. 그 뒤로 바둑 기사들은 오히려 인공지
능이 제안하는 정석을 배워가며 바둑을 두고 있는데, 바둑 인공
지능의 등장으로 바둑을 공부하는 방법이 완전히 바뀌었고 인
공지능이 제안하는 방식을 따르며 포석 전략을 세우다 보니 현
재는 기사들의 포석 전략이 전반적으로 비슷해졌다고 한다. 바
둑의 진짜 '정석'은 원래 따로 있었는데, 인간이 수천 년간 쌓아
올린 경험으로도 찾지 못한 이 최적의 정석을 인공지능이 몇 달
만에 찾아낸 것이라고 말할 수 있다.

수동형 뇌-컴퓨터 인터페이스에 딥 러닝 기술을 도입하면서,
뇌과학 연구자들이 수많은 시행착오를 거치며 찾아낸 뇌파의
특징들을 이용할 때보다 훨씬 높은 정확도로 인간의 감정과 뇌
상태를 알아내는 것이 가능해졌다. 너무나 복잡해 눈으로는 도
저히 판독이 불가능한 뇌파 신호 속 작은 차이를 인공지능이 포
착할 수 있게 된 것이다. 하지만 사실 딥 러닝 기술을 뇌 신호 분
석에 적용하려는 시도가 처음부터 성공적이지는 않았다.

딥 러닝 기술이 가장 먼저 적용된 분야는 사진이나 그림과 같

은 정지 영상을 인식하고 분류하는, '컴퓨터 비전computer vision'이라고 불리는 분야였다. 눈으로 볼 때도 쉽게 구분 가능한 영상들을 분류하는 단순 작업에 인공지능을 적용한 것이기에 높은 정확도를 얻는 것이 어렵지 않았다. 그다음으로 딥 러닝 기술이 적용된 분야는 음성이나 음악 등의 소리를 인식하는 오디오 신호 처리 분야였다. 오디오 신호는 스테레오 방식으로 측정을 해도 왼쪽, 오른쪽 2개의 신호만 측정하면 되고 대량의 데이터도 쉽게 얻을 수 있기에 딥 러닝을 적용하기가 그리 어렵지 않다.

하지만 인간의 뇌에서 측정되는 뇌 신호, 예컨대 뇌파 신호는 적게는 20개에서 많게는 100여 개의 신호를 동시에 측정한다. 오디오 신호보다 분석해야 하는 신호가 최소 10배 이상 많다는 말인데, 각각의 신호가 측정되는 위치도 3차원 공간인 머리 표면에 넓게 분포되어 있어 2차원 그림의 형태로 변환하는 것이 어렵다. 이런 이유로 뇌 신호 분석 분야는 딥 러닝 기술이 가장 늦게 적용된 분야가 되었다. 그뿐만 아니라 딥 러닝을 적용하기 위해서는 많은 양의 훈련 데이터가 필요한데, 오디오 신호와 달리 뇌파 신호를 대량으로 획득하는 것은 쉽지 않다. 우리 연구실처럼 뇌파를 전문적으로 측정하는 연구실에서도 하루에 3명 이상 뇌파를 측정하기도 여간 어려운 일이 아니다. 실험을 진행하는 시간뿐만 아니라 실험 준비 시간이나 정리 시간도 필요하고, 실험 참가자와 시간 약속을 맞추기도 까다롭기 때문이다.

내가 딥 러닝 기술을 처음으로 접한 것은 2014년 무렵이었는데, 당시 우리 연구실에서도 영상 분석 분야에 적용되고 있던 딥 러닝을 뇌파 분석 분야에 적용하기 위해 뇌파를 2차원 영상으로 변환하는 방법 등을 연구했지만 결과는 그다지 성공적이지 않았다. 이후로는 딥 러닝 연구에 잠시 손을 놓고 있었는데, 2016년 미국 캘리포니아주 아실로마컨퍼런스센터에서 3년 만에 개최된 국제 뇌-컴퓨터 인터페이스 미팅에서 딥 러닝 교육 워크숍이 개최된다는 소식을 들었다. 큰 기대를 안고 참석한 학회에서 스위스 연구자들이 자신의 노트북컴퓨터를 대형 스크린에 연결한 다음, 뇌파 데이터에 딥 러닝 알고리즘을 적용해 뇌 상태를 분류하는 결과를 실시간으로 보여주었다. 당시 모든 공학 기술 분야에서 딥 러닝 기술에 대한 관심이 커지던 시기였기에 교육장은 발 디딜 틈도 없이 연구자들로 가득 찼다. 하지만 스위스 연구자들이 보여준 결과는 다소 실망스러웠다. 딥 러닝으로 뇌 상태를 분류할 수 있다는 가능성을 확인할 수는 있었지만, 기존의 전통적인 기계학습보다 성능이 뛰어나지 않았던 것이었다.

당시 여러 연구자들은 전통적인 기계학습보다 뛰어난 성능의 딥 러닝 알고리즘을 개발하기 위해 많은 밤을 지새우며 연구를 거듭했다. 2015년부터 2017년까지 수많은 뇌공학자들이 다양한 방법들을 시도했고 많은 논문을 발표하기도 했지만, 결과는 하나같이 실망스러웠다. 비슷한 시기 다른 분야에서는 딥 러닝 기술이 활발하게 사용되며 인공지능 기술의 혁명이 일어나고 있었기에, 뇌-컴퓨터 인터페이스 연구자들의 마음은 더욱 초조해질 수밖에 없었다.

2017년, 마침내 답답한 정체 국면에 획기적인 돌파구가 나타났다. 바로 독일 프라이부르크대학교의 로빈 시르마이스터Robin Schirrmeister 교수 연구팀이 발표한 결과였다. 시르마이스터 교수는 영상 분류에 자주 사용되던 합성곱신경망을 사용했는데, 기존의 방식처럼 여러 곳에서 측정된 뇌파를 한데 합쳐서 분석하는 대신 개별 뇌파 신호를 1차로 분석한 뒤 그 결과를 다시 조합하는 2단계 분석법을 시도했다. 결과는 대성공이었다. 딥 러닝 기술으로 뇌파 분석을 시도한 지 4년여 만에 드디어 전통적인 기계학습의 성능을 넘어선 것이다.

시르마이스터 교수의 연구가 발표되자 뇌-컴퓨터 인터페이스 분야는 곧 최첨단 딥 러닝 기술의 각축장이 되었다. 최근에는 실험의 어려움으로 인해 많은 양의 데이터를 확보하기 힘든 문제를 극복하기 위해, 생성형 인공지능generative AI으로 가상적인 뇌파를 생성하는 기술이 활발하게 연구되고 있다. 우리 연구팀에서도 2022년에 생성형 인공지능의 일종인 '신경 스타일 전이neural style transfer'라는 기술을 이용해 휴식 상태에서 측정되는 뇌파를, 특정 과제를 수행할 때 측정되는 뇌파로 변환하는 데 성공했다. 신경 스타일 전이 기술은 원래 임의의 사진이나 그림을 렘브란트, 고흐, 피카소 같은 유명 작가의 화풍으로 변환하기 위해 개발된 기술이다. 그런가 하면, 딥 러닝이 분류를 진행할 때 뇌파에서 어떤 특징을 찾아냈는지를 확인하기 위해 설명 가능 인공지능explainable artificial intelligence, XAI 기술을 도입하려는 연구도 활발하다. 앞으로 개발되는 새로운 딥 러닝 기술들로 사람의 감정과 뇌 상태를 얼마나 잘 읽어낼 수 있을지 더욱 기대된다.

나를 비롯한 일부 뇌공학자들은 인공지능의 미래가 인공 감정artificial emotion에 있다고 주장한다. 인공지능이 인간과 교류하고 함께 살아가려면 인간과 감정을 교류할 수 있어야 한다. 하지만 아직 인간의 뇌에서 감정이 어떻게 만들어지는지는 명확히 밝혀진 바가 없다. 뇌과학의 발전이 지속되어 인간의 감정에 대한 이해도가 높아지면, 그에 따라 인간의 감정을 이해하고 공감하는 인공지능도 만들어지지 않을까? 심지어 우리가 말을 하지 않더라도 말이다.

# 12

## 당신의 뇌를 바꾸시겠습니까

### 이상형을 바꾼다면

새해마다 동네 헬스클럽은 새로운 각오로 무장한 이들로 북적
인다. 올해는 반드시 다이어트에 성공해 여름 해변에서 멋진 몸
매를 자랑하겠노라 다짐하지만, 대부분은 얼마 지나지 않아 포
기한다(나도 그중 하나다). 전문가들에 따르면 다이어트에는 적
절한 운동도 중요하지만 식단 관리가 더 필수적이다. 주스나 초
콜릿같이 많은 양의 당이 포함된 음식은 건강식에 비해 맛은 있
지만 비만과 당뇨를 부르는 주범이다. 물론 이런 사실은 누구나
알고 있다. 하지만 건강식 위주로 식습관을 바꾸는 것이 말처럼
쉽지 않은 것도 사실이다. 실제로 눈앞에 양배추즙 한 잔과 마운

틴듀 한 캔을 보여주며 둘 중 하나를 고르라고 하면 마운틴듀를 선택하는 이들이 많다. 오이 반쪽과 스니커즈 중 하나를 고를 때도 마찬가지다.

사실 이는 우리 연구실에서 10여 년 전에 진행한 실제 실험이기도 하다. 실험에 참여한 40명의 대학생 참가자들은 실험 전 최소 3시간 동안 아무런 음식물을 섭취하지 않도록 지시받았고, 실제 실험은 점심시간을 포함해 오전 10시부터 오후 3시 사이에 진행되었다. 실험에서는 총 90종의 건강식과 90종의 정크 푸드 사진들이 임의의 순서로 제시되었다. 실험에 참가한 대학생들은 건강을 고려할 경우 사진에 등장하는 음식을 얼마나 먹고 싶은지에 대해 총 4단계(매우 그렇다, 그렇다, 아니다, 매우 아니다)로 응답했다.

이런 실험은 참가자들이 정크 푸드의 유혹을 이겨내고 얼마나 건강한 식사를 선택할 수 있는지를 알아보기 위해 식품영양학이나 가정의학 분야에서 널리 시도되는 것인데, 우리 연구실에서는 이 평범한 실험에 한 가지 옵션을 추가했다는 점에서 달랐다. 먼저 전체 참가자 40명을 20명씩 두 그룹으로 나누었다. 모든 참가자는 '건강식 선택' 실험을 두 차례 반복했는데 두 그룹은 두 실험 사이에 다른 조건의 과제를 수행해야 했다. 실험군은 두 실험 사이에 주어진 3분 동안 화면에 연속적으로 나타나는 한글을 암기하는 작업기억working memory 과제를 수행했다.[*] 반면 대조군은 두 실험 사이의 3분 동안 아무런 과제도 수행하지 않고 편안한 휴식을 취했다.

결과는 흥미로웠다. 3분간 작업기억 과제를 수행한 실험군은 아무런 과제도 하지 않은 대조군에 비해 두 번째 실험에서 건강식에 대한 점수를 더 높게 매기는 경향을 보였다. 다시 말해, 건강식을 더 많이 선택한 것이다. 반면 대조군에서는 첫 번째 실험과 두 번째 실험 간에 점수 차이가 전혀 관찰되지 않았다. 특히 이 연구에서는 고밀도 뇌파를 이용해 첫 실험과 두 번째 실험을 수행할 때 나타나는 뇌의 활성도 변화를 관찰해 보았는데, 실험군에서는 작업기억 과제를 수행한 직후 배외측전전두피질 dorsolateral prefrontal cortex, DLPFC 과 하전두회 inferior frontal gyrus, IFG 의 활동이 크게 증가되어 있었다.

도대체 왜 건강식과는 전혀 관련 없어 보이는 작업기억 과제를 수행한 이후에 건강식을 선택하는 성향이 높아진 것일까? 우리 연구팀은 이를 '점화 효과 priming effect'로 설명했다. 점화 효과란 심리학에서 널리 사용되는 개념으로, 앞서 접한 정보가 이후에 접하는 정보의 해석에 영향을 주는 현상을 뜻한다. 예를 들어 '빵'이라는 단어보다 '의사'라는 단어를 먼저 접하면 이후에 등장하는 '간호사'라는 단어를 인식하는 속도가 더 빨라진다.

인간의 뇌에서도 이에 대응되는 비슷한 현상을 관찰할 수 있

---

*   구체적으로, 우리 연구실에서는 '2-back working memory'라는 실험을 수행했다. 문자가 연속적으로 바뀔 때, 앞선 문자 바로 앞에 등장한 문자가 다시 등장한 것인지를 알아내는 실험이다.

다. 배외측전전두피질은 우리 뇌에서 이성적인 의사결정을 할 때 활동하는 영역으로, 하전두회는 인간의 행동을 억제하는 일종의 브레이크 시스템의 일부로 잘 알려져 있다. 그런데 이런 뇌 영역들이 작업기억 과제를 수행하는 동안 활발히 활동하게 되자 작업기억 과제 이후에 진행된 건강식 선택 과제에도 영향을 끼친 것이다. 말하자면, 뇌 영역에서의 점화 효과인 셈이다. 라면을 끓이기 위해 물을 데우면 금방 식지 않는 것처럼, 우리 인간의 뇌도 한번 활발하게 활동한 영역은 관성에 의해 그 활동성이 금방 줄어들지 않는다. 작업기억 과제 도중 활발했던 배외측전전두피질과 하전두회 부위가 건강식 선택 과제를 수행하는 동안에도 여전히 (점화 효과에 의해) 활성화 상태를 유지하면서, 순간적인 쾌락은 억제하는 한편 이성적인 의사결정은 더 잘 내리게 되었다는 이야기다.

이 실험 결과를 설명할 때마다 우스갯소리로 하는 말이 있다. "여러분, 다이어트를 하고 싶으면 입으로 먹지 말고 뇌로 마음의 양식을 드세요." 실제로 마음의 양식인 책을 많이 읽으면 배외측전전두피질을 포함한 전전두엽의 활동이 활발해지고, 이런 활동에 의한 점화 효과는 점차 길어지며 결국 전전두엽의 전반적인 활동성을 높일 수 있다. 평소 책을 읽고 깊이 사색하는 습관을 들이면 치매가 예방될 뿐만 아니라 정크 푸드에 대한 욕구도 줄일 수 있으니 이보다 더 좋은 양식이 어디 있겠는가?

그런데 실제로 이런 뇌의 점화 효과를 이용한 뇌-컴퓨터 인터페이스 기술도 있다. 바로 '뉴로피드백'이라고 불리는 자가 뇌조절 기술로, 뇌의 특정 영역의 활동을 억제하거나 강화하는 훈련을 지속적으로 수행함으로써 뇌의 상태나 기능을 변화시키는 훈련 방법이다. (특정 뇌 영역의 활동을 잘 조절하고 있는지를 다양한 피드백을 통해 알려주기에 '뉴로피드백'이라고 부른다.) 뉴로피드백에서 사용되는 관찰 방법으로는 뇌파, 근적외선분광법, 기능적 자기공명영상 등이 있는데, 이들은 이미 국내 대형병원의 정신건강의학과나 재활의학과에서 쉽게 찾을 수 있는 의료기기이기도 하다.

가장 대중적인 뉴로피드백 방식은 뇌파를 이용하는 것이다. 몇 해 전 드디어 대단원의 막을 내린 〈스타워즈〉에는 특별한 초능력을 부여받은 제다이 전사들이 '포스'를 쓰며 물건을 집어 올리거나 던지는 장면들이 등장한다. 이로부터 영감을 받은 미국의 한 장난감 회사, 엉클밀턴Uncle Milton은 2009년에 '포스 트레이너'라는 이름의 장난감을 출시했다. (미국에는 스타워즈 마니아들이 정말 많아서, 동네 마트에서도 광선검은 물론이고 다스베이더 헬멧이나 망토도 판매한다.) 이 제품은 우주선 모양으로 생긴 본체와 가벼운 플라스틱 공, 그리고 전두엽에서 발생하는 뇌파를 측정하는 헤드셋으로 구성되어 있다. 뇌파 헤드셋을 이마에 착용하고 기계에 공을 올려놓은 다음, 마스터 제다이인 요다의 목소리에 맞추어 공에 정신을 집중하면 공이 떠오르기 시작한다! 집중력이 높아지면 공은 더 높이 떠오르고 마음가짐이 흐트러지면 공은 바닥으로 떨어진다. 그런데 이렇게 포스로 공을 움직인다고 착각하며 포스 트레이너를 이용하는 과정에서, 사용자는 자신도 모르는 사이에 집중력을 키우게 된다. 이 기술을 적절히 이용하기만 하면, 주의력결핍 과잉행동장애ADHD를 가진 아이들이 집중하는 방법을 배울 수도 있다. (국내에서도 국립과학관이나 한국뇌연구원 같은 곳에 가면 비슷한 뉴로피드백 기술을 체험해 볼 수 있다.)

앞서 소개한 캐나다의 뇌공학 기업 인터랙슨은 2017년에 뉴로피드백용 스마트폰 앱을 하나 출시했는데, 이 애플리케이션은 골프 라운딩을 시작하기 전 웨어러블 뇌파 측정기인 뮤즈 헤드밴드를 통해 집중력을 높여준다. 골프는 대표적인 멘털mental 스포츠로, 스코어가 그날의 집중도나 컨디션에 크게 좌우된다. 프로 골퍼뿐만 아니라 아마추어 골퍼들도 긴장하거나 잡념이 많은 상태라면, 골프로 스트레스를 해소하기는커녕 되레 스트레스를 받기 일쑤다. 하지만 기대와는 달리 골프용 뮤즈 애플리케이션은 시장에서 별다른 성공을 거두지 못했는데, 아무리 머리띠처럼 생긴 뇌파 측정기라고 하더라도 골프 라운딩 직전 머리에 쓰고 주위의 시선을 끌고 싶지는 않았을 것이다. 탁월한 제품을 가지고 있지만 고객의 성향을 제대로 파악하지 못해 실패한 한 가지 사례로 기록될 듯하다.

한편 뉴로피드백 기술은 엘리트 스포츠 선수들에게 활발히 적용되고 있는데, 브라질에서 개최된 2016년 하계 올림픽에서 우리나라 양궁 선수들이 집중력을 높이고 긴장도를 늦추기 위해 뉴로피드백 훈련을 사용했다는 사실이 알려지며 화제가 되기도 했다. 뉴로피드백 훈련은 단기적으로 점화 효과를 통해 집중력이나 심신 안정도와 같은 뇌 상태를 바꾸어 주기도 하지만, 장기적으로는 시냅스 연결성을 강화하며 뇌의 구조적인 변화까지도 유도할 수 있다.

실시간 fMRI 기술의 발전에 힘입어, 최근에는 특정 뇌 영역의 활동을 유도하는 뉴로피드백 훈련 방법이 시도되고 있다. 이 기술은 2010년 이후부터 활발하게 연구되고 있는데, 그 전까지는 실시간으로 fMRI 영상을 처리하기가 매우 어려웠기 때문이다. 참고로 이 뉴로피드백 훈련법에서는 fMRI를 실시간 촬영하며 막대그래프 등으로 특정한 뇌 영역의 활동을 실험 참가자에게 보여주는데, 이때 실험 참가자는 막대그래프의 크기를 늘리거나 줄이기 위해 노력하게 된다.

이런 뉴로피드백 훈련을 응용한 흥미로운 사례로는, 이 분야를 주도하는 일본 국제전기통신기초기술연구소의 미쓰오 가와토Mitsuo Kawato 박사 팀의 연구 결과가 있다. 2016년, 가와토 박사 연구팀은 대뇌의 대상피질cingulate cortex의 활동을 실시간으로 조절하게 함으로써 특정 얼굴들에 대한 선호도를 조절하는 데 성공했다. 뇌를 조절해 이상형의 얼굴을 바꿀 수도 있다는 이야기다. 그런가 하면 2018년 연구에서는 하부 측두엽의 활동을 조절하게 함으로써 공포스러운 대상을 볼 때 공포감을 덜 느끼게 하는 데도 성공했다. 하부 측두엽의 활동을 억제하는 뉴로피드백 훈련을 받은 이들은 훈련을 받기 전보다 공포스러운 장면을 마주했을 때 손발에 땀이 덜 발생했다. 이처럼 뉴로피드백 기술로 우리 뇌의 활동을 마음먹은 대로 조절할 수 있게 된다면, 우울증이나 불안장애와 같은 다양한 뇌 질환을 치료하는 새로운 방법으로도 떠오를 것이다.

## 한 번도 틀리지 않은 명제

우리 인간은 우리 뇌에 대해 얼마나 알까? 인류는 타고난 호기심으로 온갖 자연현상을 과학적으로 설명하고 그 원리를 파헤치는 데 성공했다. 하지만 정작 우리 머릿속을 차지하고 있는 1.4킬로그램짜리 회백색 단백질 덩어리에 대해서는 아직 아는 것이 많지 않다. 자기공명영상 기술의 발전으로 그간 베일에 싸여 있던 뇌의 비밀이 하나둘 밝혀지고는 있지만, 뇌과학 이론들 가운데 절대적이라고 할 수 있을 만한 것은 거의 없다. 예를 들어, 내가 고등학생일 때만 하더라도 뇌에 있는 비신경세포인 신경교세포glial cell가 신경세포를 구조적으로 지지하거나 영양분을 공급하는 역할을 한다고 배웠는데, 최근 연구에 따르면 시냅스를 강화하거나 쓰지 않는 시냅스를 제거함으로써 기억과 학습에 매우 중요한 역할을 한다. 그런가 하면, 불과 20년 전까지만 하더라도 대뇌피질의 두께가 그 영역의 기능 발달과 밀접한 관계를 가지며 지능을 측정하는 데 쓰일 수 있다고 믿었다. 하지만 최근 연구들에서는 대뇌피질의 두께가 그 아래 신경세포의 수나 밀도와는 전혀 관련이 없고, 따라서 지능과도 아무런 관련이 없다는 사실이 밝혀졌다. 이처럼 우리가 뇌에 대해 아는 극히 일부의 사실조차도 100퍼센트 확신하기가 어렵다.

하지만 뇌에 대해 확실히 말할 수 있는 한 가지 명제는 있다. 이는 앞으로도 불변의 법칙으로 남을 것이다. 바로 인간의 뇌는 변한다는 것이다. 인간의 뇌 발달 과정에서, 신경세포들 사이의 연결 부위인 시냅스는 새롭게 생겨나기도 하고 사라지기도 한다. 하지만 뇌 발달이 멈춘 성인에게서도 뇌의 변화는 계속해서 일어난다. 한번 죽은 신경세포는 다시 살아나지 않지만, 우리 뇌는 시냅스의 연결 강도를 강화하거나 약화시키며 복잡한 뇌의 네트워크를 끊임없이 업데이트한다. 이러한 뇌의 성질을 '신경가소성neural plasticity'이라고 하는데, 이는 그 이름처럼 형태를 바꿀 수 있다는 성질이다.

신경가소성은 뇌 질환을 치료하는 데도 유용하게 쓰일 수 있다. 예를 들어, '중풍'이라고도 불리는 뇌졸중이 오른팔의 움직임을 담당하는 왼쪽 운동영역에 발생했다고 가정해 보자. 뇌졸중으로 오른팔을 움직이기가 어려워진 환자에게는 마비된 오른팔을 계속해 움직여 주는 것만으로도 오른팔의 기능을 회복하는 데 도움이 되는데, 오른팔의 움직임에 의해 고유수용감각이 느껴지면 뇌에서는 손상된 왼쪽 운동영역을 계속 호출하기 때문이다. 왼쪽 운동영역의 활동을 지속적으로 유도하면, 왼쪽 운동영역의 기능이 다른 인접한 뇌 영역으로 옮겨 가 회복 가능성을 높이기도 한다. 그런데 이런 재활 과정에서는 단순히 수동적으로 로봇에게 팔을 맡기는 것을 넘어 오른팔을 움직이는 상상을 함께 진행하면 재활 효과를 더 높일 수 있다. 오른팔을 움직인다고 상상할 때도 왼쪽 운동영역을 호출하기 때문이다.

그런데 재활 훈련을 장기간 하다 보면, 집중력과 의지가 점차 낮아지며 로봇에게 다시 수동적으로 몸을 맡기게 될 수 있다. 하지만 이때 왼쪽 운동영역에서 발생하는 뇌파나 근적외선분광 신호를 측정해 재활 훈련 중인 환자에게 막대그래프로 보여준다면? 환자는 막대그래프의 변화를 실시간으로 지켜보며 왼쪽 운동영역의 활동을 높이기 위해 다시 집중할 수 있을 것이다. 이와 비슷한 방식으로, 초기 치매 환자의 인지 재활 훈련 과정에서 환자들이 인지 재활 훈련에 얼마나 집중해 참여하고 있는지 모니터링하고 적절한 피드백을 제공하는 것도 가능하다. 최근에는 감정과 관련된 정서 질환의 치료 과정에서 치료 대상의 감정 상태를 모니터링하고 피드백을 제공하기 위해 뉴로피드백 기술이 활용된다. 가까운 미래에는 일반 가정에서도 웨어러블 뇌파 기술의 도움으로 뉴로피드백을 통한 뇌 질환 치료가 가능해질 것으로 기대된다.

# 4부 •————————

비욘드 뇌-컴퓨터
인터페이스

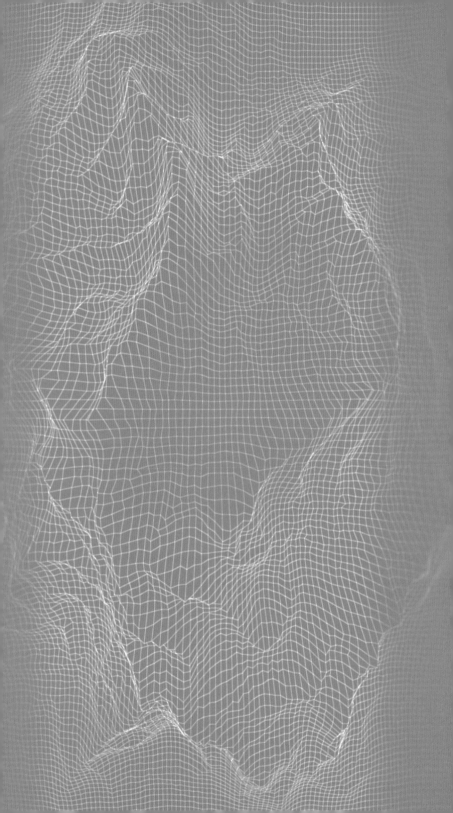

# 13

# 실험실에서 배양되는 인간의 뇌

## 이미 시작된 연결

2016년, 인공지능이 결코 정복하지 못할 것으로 여겨지던 바둑에서 인공지능 바둑 기사 알파고가 세계 최고의 인간 바둑 기사 이세돌 9단을 상대로 승리를 거두었다. 부끄럽지만, 2016년 당시 나 역시 조심스럽게 이세돌 9단의 승리를 예측했었다. 물론 체스에서는 1997년에 IBM의 슈퍼컴퓨터인 딥 블루Deep Blue가 당시 세계 챔피언인 가리 카스파로프를 상대로 승리를 거두기는 했지만, 경우의 수가 많지 않은 체스와 달리 바둑은 경우의 수가 너무 많아 인공지능이 충분히 학습되지 않을 것으로 예상했기 때문이다. 게다가 이세돌 9단과 대결을 벌이기 전에 알파고와 대결한 중국계 프랑스 기사, 판후이 2단이 세계적으로 이름 있는 프로 기사가 아니었기에, 세계 최강 이세돌이 패하리라는 예측을 하기란 쉽지 않았다. 그래서 인공지능 전문가들에게도 알파고의 완승은 커다란 충격으로 다가올 수밖에 없었다.

알파고 사건으로 인해, 다양한 분야에서 인간의 능력을 따라잡거나 능가하는 인공지능을 개발하고자 하는 시도가 급격하게 늘어났다. 알파고를 개발한 구글 딥마인드는 알파고 사건 이후 '국민 게임'이라고 불리는 〈스타크래프트StarCraft〉에 도전장을 내밀었고, 그렇게 탄생한 알파스타AlphaStar는 〈스타크래프트 2〉의 그랜드마스터 등급(상위 0.2퍼센트)까지 올랐다. 그런가 하면, '메타Meta'로 회사 이름을 바꾼 페이스북은 사람의 얼굴을 인식하는 인공지능인 딥 페이스Deep Face를 개발해 97.25퍼센트의 정확도로 사진 속 얼굴이 누구인지 알아내는 데 성공했다. 참고로 사람이 다른 사람의 얼굴을 인식하는 정확도는 97.53퍼센트다. 최근에는 생성형 인공지능이 각광을 받으면서, 마치 실제 사람과 대화를 나누는 듯한 착각을 불러일으키는 챗봇 서비스나 자동으로 원하는 그림을 생성해 주는 인공지능도 널리 활용되고 있다.

인공지능이 지금과 같은 추세로 발전한다면 언젠가는 모든 컴퓨터에 인공지능이 탑재될 것이다. 최근에는 고성능의 그래픽 처리장치GPU가 장착된 데스크톱컴퓨터를 사용하지 않더라도 스마트폰 수준의, 상대적으로 낮은 사양의 처리 장치만으로 딥 러닝을 실행할 수 있는 '에지 컴퓨팅edge computing'이라는 기술이 활발히 연구되고 있다. 인간 뇌의 정보처리 과정을 모방해 에너지를 절약하는 뉴로모픽 칩neuromorphic chip 기술뿐만 아니라 지식 증류knowledge distillation와 같은 딥 러닝 모델 경량화 기술이 개발됨에 따라, 모든 컴퓨터가 인공지능이 되는 시기가 더욱 빨라질 것으로 예상된다. 모든 컴퓨터에 인공지능 기술이 탑재되면, 인간의 뇌와 컴퓨터를 연결하는 뇌-컴퓨터 인터페이스도 자연스럽게 뇌-인공지능 인터페이스로 진화할 것이다. 물론 인간의 뇌와 인공지능이 연결되는 상황은 그리 쉽게 그려지지는 않는다. 하지만 놀랍게도 인간의 뇌와 인공지능의 연결은 여러 분야에서 이미 시작되었다.

앞서 소개한 2018년 영화, 〈더 모멘트〉를 기억하는가? 램천의 영화는 시청자의 뇌 상태를 인공지능으로 분석해 배경음악, 등장인물, 스토리를 자동으로 바꾸어 준다. 뇌와 인공지능이 결합한 하나의 사례로 보기에 충분한 것이다. 학습 도중 집중도를 측정하고 인공지능의 분석으로 적절한 피드백을 제공해 주는 뉴로에듀케이션 기술도 일종의 뇌-인공지능 인터페이스로 볼 수 있다. 뇌파를 읽고 인공지능으로 수면 단계를 파악한 뒤 더욱 깊은 수면으로 유도하는 기술 역시 뇌와 인공지능이 결합된 서비스의 좋은 사례다. 이와 같은 응용 기술은 헤드밴드형이나 귀걸이형의 단순한 뇌파 측정기로도 충분히 구현할 수 있다. 하지만 영화, 교육, 수면과 같은 서로 다른 응용 분야에 활용하기 위해서는 사용자가 일일이 개별 프로그램이나 앱을 실행해야 하는 불편함이 있다.

　나는 다음 단계의 뇌-인공지능 인터페이스 서비스를 위해서는 인공지능이 스스로 주변 환경을 인식할 수 있어야 한다고 믿는다. 다시 말해, 사용자가 의식적으로 프로그램을 실행하지 않더라도 인공지능이 스스로 주변 환경과 사용자의 활동을 인식하고, 그때그때 적절한 프로그램을 실행시키는 기술이 필요하다. 인공지능도 주변 환경을 인식하기 위해서는 '눈'이 필요하기에 뇌파 측정기에 초소형 카메라를 부착해야 할 것이고, 주변의 소리를 감지하기 위한 마이크도 장착되어야 할 것이다. 카메라에서 실시간으로 얻는 영상 정보는 구글 이미지 검색과 같은 이미지 인식 도구를 이용해 분석이 가능할 것이다. 마이크에서 측정되는 소리 정보는 현재 사용자가 강의실에 있는지, 아니면 뮤지컬을 관람하고 있는지와 같은 주변 상황을 인식하는 데 도움을 줄 수 있다. 웨어러블 장치에 기본적으로 들어가 있는 가속도계를 이용하면 사용자가 걷거나 뛰는 활동 정보도 알아낼 수 있다. 인공지능은 사용자의 행동과 영상, 소리로부터 알아낸 정보를 종합해 사용자가 어떤 환경에서 무엇을 하고 있는지를 파악한다. 이런 환경 정보와 함께 뇌파 신호로부터 사용자의 뇌 상태를 실시간으로 읽어낸다면, 여러 혁신적인 서비스들이 가능해질 것이다.

　예를 들어, 한 사용자가 뇌파 측정용 헤드밴드를 착용하고 공부를 하고 있다고 가정해 보자. 헤드밴드에 장착된 소형 카메라라는 컴퓨터 비전 기술을 통해 사용자가 수학 과목을 공부한다는 사실을 인식한다. 그러면 뇌파를 이용한 수동형 뇌-컴퓨터 인터페이스는 공부 중인 사용자의 집중도를 계속해서 추적한다. 사용자의 집중도가 지속적으로 하락할 경우에는 인공지능 추천 시스템이 작동한다. 인공지능은 미리 기록된 사용자의 학습 패턴을 분석해, 수학 공부 시 집중도가 하락하면 국어 공부를 하는 것이 학습 능률을 올리는 데 도움이 된다는 사실을 파악하고 사용자에게 '잠시 휴식을 취하고 국어 공부를 해보는 건 어떨까요?'라고 제안한다.

그런가 하면, 넷플릭스나 디즈니플러스와 같은 OTT 서비스와 결합된 뇌-인공지능 인터페이스도 상상해 볼 수 있다. 현재 각종 OTT 서비스는 사용자가 시청한 콘텐츠들 가운데 사용자가 직접 매긴 별점, 빠른 재생 여부, 중단 없이 시청한 시간 등과 같은 정보를 이용해 사용자가 선호할 것으로 예상되는 콘텐츠를 추천해 준다. 그런데 이런 정보에 더해, 콘텐츠를 시청하는 동안 발생하는 뇌파로부터 몰입도나 감정 변화를 읽어낼 수 있다면? 사용자가 '정말로' 좋아할 만한 콘텐츠를 추천하는 것이 가능해진다.

생각건대, 가장 활용도가 높을 것으로 예상되는 것은 하루 중의 각성도를 측정하는 기술이다. 우리 인간은 빛과 어둠, 기온과 같은 외부 환경의 변화에 맞추어 생체 리듬이 변한다. 이런 리듬을 '일주기 리듬circadian rhythm'이라고 하는데, 우리 몸의 호르몬이나 혈압, 체온 등은 이 일주기 리듬에 따라 주기적으로 변한다. 한편 일주기 리듬이 정상적이지 않으면 밤늦도록 잠들지 못하거나 새벽에 일찍 깨고, 낮에도 졸음이 오는 등 수면 장애가 발생하게 된다. 일주기 리듬에 영향을 미치는 여러 환경적 요인들이 있는데, 커피나 스트레스, 장시간 업무, 흡연이나 음주 등이 대표적이다. 만약 카메라로 알아낸 주변 환경과 뇌파에서 알아낸 사용자의 각성 상태 변화를 동시에 분석한다면, 일주기 리듬에 영향을 주는 요인을 찾아내 수면 장애를 개선하는 생활 패턴을 제안해 줄 수 있다.

카메라가 장착된 웨어러블 뇌파 측정 장치를 오랜 시간 착용하고 다니면, 인공지능 학습을 통해 사용자가 어떤 옷이나 음식, 웹툰, 음악을 좋아하는지도 어렵지 않게 알아낼 수 있다. 사용자가 옷을 입을 때나 음식을 먹을 때마다 사용자의 감정 상태 변화를 읽을 수 있기 때문이다. 이런 정보가 쌓이면 사용자가 쇼핑할 때 그가 좋아할 만한 제품을 추천할 수 있고, 신제품이 출시되거나 할인 이벤트가 열릴 때 맞춤형 정보를 제공해 줄 수도 있다.

문제는 웨어러블 뇌파 측정 장치에 부착된 카메라가 불특정 다수를 촬영함으로써 타인의 사생활을 침해할 수도 있다는 점이다. 사진을 전송하는 과정에서 해킹당할 가능성도 있다. 이런 문제를 방지하려면, 인공지능이 촬영한 영상을 스마트 기기로 전송하지 않고 웨어러블 뇌파 측정 장치에서 처리한 뒤 영상을 지워버려야 한다. 그런데 영상 데이터를 인공지능으로 분석하기 위해서는 상당한 성능의 컴퓨터가 필요하기에, 저사양의 프로세서에서도 인공지능을 실행할 수 있는 기술의 개발이 필요하다. 무엇보다도 소비자들이 단지 뇌파 측정 용도로만 웨어러블 장치를 착용하고 다니지는 않을 것이기 때문에, 이미 다른 용도로 사용되고 있는 웨어러블 기기에 뇌파 측정 기능을 집어넣는 것이 바람직하다. 안경이나 이어폰에 뇌파 측정 기능을 추가하는 기술이 연구되고 있는 이유다.

이처럼 뇌와 인공지능을 간접적으로 연결하는 방식은 아주 가까운 미래에 실현될 것으로 예상된다. 하지만 뇌공학자들이 꿈꾸는 뇌와 인공지능의 결합은 여기서 한발 더 나아간다. 영화 〈공각기동대Ghost in the Shell〉나 〈로보캅RoboCop〉, 〈매트릭스〉에서와 같이 뇌와 컴퓨터가 직접 연결되어 정보를 주고받는 기술을 개발하고자 하는 것이 다음 세기 뇌공학의 주요 연구 목표 가운데 하나다.

미국의 저명한 뇌공학자인 에드워드 보이든Edward Boyden 교수는 TED 강연에서 미래에는 생물학적 신경망과 인공신경망이 전기적으로나 화학적으로 완벽하게 결합될 것이라고 예견했다. 문제는 이런 시스템을 개발하기 위해서는 살아 있는 동물 뇌의 신경망과 인공신경망을 결합하는 연구를 진행해야 하는데, 그 일이 생각만큼 쉽지 않다는 점에 있다. 살아 있는 동물의 뇌를 추출해 장시간 실험할 수 없는 데다가, 현재 기술로는 고등 생명체의 뇌 신경망을 세포 단위로 분석하는 것이 매우 어렵기 때문이다. 그래서 뇌공학자들은 세포 배양을 통해 인공적으로 생물학적 신경망을 만들고, 이를 인공지능과 연결하는 아이디어를 내기에 이르렀다.

## 미니어처 뇌, 뇌 오가노이드

1920년대 초, 독일의 동물학자인 한스 슈페만Hans Spemann은 발생학의 역사에서 가장 중요한 실험이자 그에게 노벨 생리의학상을 안겨준 위대한 실험을 진행했다. 슈페만은 도롱뇽의 알이 분화하는 과정에서 원래 뇌가 되어야 하는 부분의 세포를 잘라 다른 부위에 붙여보았다. 그랬더니 놀랍게도 세포를 붙인 부위에 새로운 신경관이 만들어지더니, 머리가 둘 달린 '괴물 도롱뇽'이 탄생했다. 중고등학교 생물 교과서에도 등장하는 이 유명한 실험은 세포의 발생 과정이 미리 정해져 있지 않다는 사실을 알려준다. 그런데 도롱뇽 알의 경우와 비슷하게, 우리 인간의 수정란에서 생겨나는 배아줄기세포도 주변 환경을 적절하게 조절해 원하는 형태의 세포로 유도하는 것이 가능하다.

줄기세포로부터 특정 신체 기관을 유도하는 연구는 2000년대 후반부터 활발하게 진행되었다. 이렇게 해서 만들어진 신체 기관은 '유사 장기' 또는 '오가노이드organoid'라고 불린다.* 2000년대 후반, 생물학자들은 소장이나 신장의 오가노이드를 만드는

데 성공했지만 인체에서 가장 복잡한 기관인 뇌 오가노이드는 만들어 내지 못했다. 그래서 2010년대 초까지도 수많은 뇌과학자들이 뇌 오가노이드를 만들기 위해 밤을 지새웠다. 그런데 과학의 역사에서 숱한 발견들이 그러했듯이, 뇌 오가노이드도 아주 우연한 기회에 만들어졌다.

2013년, 오스트리아 분자생명공학연구소<sup>IMBA</sup>에서 박사후연구원으로 일하던 젊은 여성 뇌과학자 메들린 랭커스터<sup>Madeline Lancaster</sup> 박사는 쥐의 줄기세포로부터 신경세포를 발생시키는 연구를 이어가고 있었다. 그녀는 실험 도중 자신이 관리하던 배양접시에 지름이 2밀리미터 정도인 희고 둥근 물체가 둥둥 떠 있는 모습을 발견했다. 그녀도 처음에는 그 물체가 무엇인지 전혀 짐작하지 못했고, 배양접시가 오염된 것으로 여기고 접시째 버리려고 했다. 그럼에도 혹시나 하는 마음에 그 물체를 한번 잘라보았는데, 놀랍게도 그 물체 안에는 수많은 신경세포들이 뭉쳐진 뇌 조직이 들어 있었다! 랭커스터 박사는 이 결과를 즉시 《네이처》에 발표했고, 곧 뇌과학 분야에서 가장 주목받는 뇌과학자가 되었다.

그다음 해인 2014년, 랭커스터 박사가 인간 체세포에서 유도

---

\*    '오가노이드'는 장기를 뜻하는 단어인 'organ'과, 유사하다는 뜻의 접미사인 '-oid'가 결합된 신조어. '휴머노이드humanoid'도 인간과 유사한 객체라는 의미를 지닌다.

한 유도만능줄기세포induced pluripotent stem cell로부터 인간 뇌의 오가노이드를 만들어 내는 데 성공하면서 뇌 오가노이드는 그야말로 '태풍의 눈'으로 떠오르게 된다. 뇌 오가노이드는 뇌의 발달 과정을 연구하거나 뇌 질환을 치료하는 약물의 효과를 검증하기 위해 쓰일 수 있다는 점에서 중요하다. 과거에는 약물의 효과를 검증하기 위해 쥐나 토끼의 뇌를 사용했는데, 인간의 뇌와 쥐나 토끼의 뇌는 서로 많은 부분에서 그 특성이 달라 실제로 쥐나 토끼에게 효과 있던 약물도 사람에게는 효과가 없는 경우도 자주 발생한다. 반면 뇌 오가노이드는 인간 뇌의 미니어처이기 때문에, 인간 뇌에 생기는 뇌 질환의 치료제를 개발하는 데 매우 유용하다. 더군다나 뇌 오가노이드를 쓰면 불필요하게 동물을 희생시킬 필요도 없고 인간의 성체 줄기세포를 사용하기에 윤리적인 비판에서도 자유롭다. 2016년에는 미국 존스홉킨스대학교 연구팀이 알츠하이머와 뇌졸중과 같은 퇴행성 뇌 질환 연구를 위한 뇌 오가노이드를 만드는 데 성공했고, 2017년에는 뇌 오가노이드를 이용해 중남미 지역에서 당시 유행하던 지카바이러스가 태아의 소두증을 유발한다는 사실을 밝혀내기도 했다.

2018년에는 미국 캘리포니아대학교 샌디에이고캠퍼스의 앨리슨 무오트리Alysson Muotri 교수 연구팀이 4밀리미터 크기로 만들어진 인간 뇌 오가노이드에서 뇌파를 측정하는 데 성공했다고 밝혔다. 놀라운 것은 이 오가노이드에서 관찰되는 뇌파가 인간 미숙아의 뇌파와 비슷하다는 점이다. 이어진 연구에서는 뇌 오가노이드의 뇌파가 시간이 흐름에 따라 점점 증가하다가 일정한 시간이 지나면 정체가 되는 현상이 보고되었는데, 이런 현상은 인간 뇌의 발달 과정에서 관찰되는 것과 동일하다. 뇌 오가노이드 기술은 지속적으로 발전을 거듭하고 있는데, 신경세포뿐만 아니라 신경교세포나 신경섬유, 심지어 혈관을 만드는 연구까지 진행되고 있다. 뇌 유사체가 아니라 '진짜' 뇌를 만들고자 하는 것이다. 지금 추세대로 뇌 오가노이드 연구가 순조롭게만 진행되면 뇌의 일부가 손상되었을 때 자신의 세포로부터 만들어 낸 '인공' 뇌를 손상 부위에 집어넣어 뇌를 재생하는 날이 올지도 모른다.

그런데 인간이 만들어 낸 이런 미니어처 뇌, 뇌 오가노이드는 생물학적 신경망과 인공지능을 결합하는 연구에도 쓰일 수 있다. 그 가능성을 가장 먼저 보여준 연구는 2022년에 발표되었다. 오스트레일리아 멜버른에 있는 뇌과학 스타트업, 코르티컬 랩스Cortical Labs의 공동창업자인 브렛 케이건Brett Kagan 박사는 영국 유니버시티칼리지 런던의 칼 프리스턴Karl Friston 교수 연구팀과 함께 생물학적 신경망을 컴퓨터와 연결해 간단한 게임을 수행하게 하는 데 성공했다. 이를 위해 케이건 박사 연구팀은 먼저 신경세포의 활동을 정밀하게 읽어 들일 수 있는 2차원 고밀도 마이크로 전극 배열 위에 신경세포를 배양했다. 이때 신경세포는 전극 배열 위에서 이웃한 신경세포와 새로운 시냅스 연결들을 만들어 내고, 시간이 지남에 따라 매우 복잡한 생물학적 신경망 구조를 형성한다. 이런 배양법은 오가노이드 제작 기술이 발표되기 전부터 생물학적 신경망을 관찰하기 위해 자주 사용된 방식인데, 반도체 칩 위에 신경세포를 배양한다고 해서 '뉴런 온 어 칩neuron-on-a-chip'이라고도 불린다. 마이크로 전극 배열은 신경망을 구성하는 개별 신경세포의 활동을 정밀하게 측정할 뿐만 아니라 특정한 신경세포에 전기 자극을 가함으로써 활동을 유도할 수도 있다.

케이건 박사 연구팀은 이렇게 마이크로 전극 배열 위에서 배양된 신경망을 '디시브레인DishBrain'이라고 불렀는데, 여기서 '디시'는 세균을 배양하는 데 사용하는 페트리 디시petri dish를 의미한다. 중고등학교 생물 시간에 배우는, 뚜껑이 있는 얇고 납작하고 투명한 원통형 유리 용기로서 우리나라에서는 흔히 '샬레'라고 불리는 것이다. 다시 말해, '디시브레인'에는 페트리 디시에서 배양한 뇌라는 뜻이 담겨 있다.

디시브레인은 컴퓨터게임의 역사를 논할 때 빠지지 않고 등장하는 고전 게임 〈퐁Pong〉의 컨트롤러와 연결되었다. 〈퐁〉은 탁구를 모방한 2차원 스포츠 아케이드 게임으로, 1972년 미국의 비디오게임 회사인 아타리Atari에서 출시되었다. 이 게임은 1인용이나 2인용으로 플레이할 수 있는데, 플레이어는 왼쪽에 놓인 세로 막대기를 위나 아래로만 움직여서 날아오는 공을 맞혀 상대 플레이어의 영역으로 넘겨야 한다. 위아래 벽들에 부딪히고

그림 22. 가정용 TV와 연결된 게임 〈퐁〉.

튕기며 날아오는 공을 맞히지 못하면 점수를 잃는, 매우 간단한 게임이다. 이후 〈퐁〉은 공을 맞혀 겹겹이 쌓인 벽돌을 깨는 〈알카노이드<sup>Alkanoid</sup>〉 게임으로 발전하기도 했다.

케이건 박사 연구팀이 디시브레인을 〈퐁〉과 연결한 이유는 단순히 〈퐁〉이 '모든 비디오게임의 어머니'라고 불리는, 아케이드 게임의 전설이기 때문만은 아니었다. 일단 〈퐁〉 게임은 조작이 매우 단순하다. 길쭉한 막대를 위나 아래로 움직이기만 하면 된다. 점수를 따거나 잃는 규칙도 아주 간단하다. 날아오는 공을 맞히지 못하면 점수를 잃는다. 첫 번째 도전 과제로 삼기에 이보다 더 적절한 게임을 찾기는 쉽지 않다. 케이건 박사는 우선 디시브레인에 공의 위치와 막대의 위치 정보를 알려주는 8개의 '감각 신경세포'를 지정했다. 그리고 막대를 위 또는 아래로 이동시키기 위한 조작 명령을 만들어 내는 '운동 신경세포' 영역도 지정했다.

게임이 시작되면, 공과 막대기의 상대적인 위치가 서로 다른 패턴으로 8개의 감각 신경세포를 자극함으로써 실시간으로 디시브레인에 전달된다. 예를 들어, 막대기와 공이 멀리 떨어져 있으면 낮은 주파수의 전기 자극이 가해지고 둘 사이의 위치가 가까워지면 높은 주파수의 전기 자극이 가해지는 식이다. 자극과 동시에 운동 신경세포 영역에서는 신경세포의 활동 신호가 측정되는데, 위쪽 방향에 할당된 신경세포의 활동이 더 크면 막대기를 위로 이동시키고 아래쪽 방향에 할당된 신경세포의 활동이 더 크면 막대기를 아래로 이동시킨다. 한편 디시브레인은 '시각'을 갖고 있지 않아 막대기가 공을 맞혔는지 알 방법이 없기에, 케이건 박사는 막대가 공을 맞혔을 때와 그렇지 못했을 때 감각 신경세포에 서로 다른 전기 자극을 가해주었다. 막대가 공을 맞혔을 때는 매번 8개의 감각 신경세포 모두에 75밀리볼트, 100헤르츠의 전기 자극을 0.1초 동안 가해주었고, 막대가 공을 맞히지 못했을 때는 임의로 선택한 감각 신경세포 위치에 150밀리볼트, 5헤르츠의 전기 자극을 임의의 시점에 '갑작스럽게' 가해주었다.

케이건 박사가 가해준 전기 자극은 논문의 공동 저자인 칼 프리스턴 교수의 자유에너지 원칙$^{free\ energy\ principle}$에 따라 결정된 것이다. 자유에너지 원칙이란 인간의 뇌를 비롯한 모든 고등 생명체의 신경계가 외적인 정보와 내부 모델 사이의 예측 오류를 최소화하기 위해 끊임없이 내부 모델을 수정해 간다는 이론이다. 쉽게 말해, 생물학적 신경망은 예측이 불가능한 상황을 최대한 회피하고자 하며, 자기 자신을 변화시킴으로써 예측이 가능한 상황을 만들어 간다는 뜻이다. 디시브레인에게는 공을 맞힐 수 있는 위치로 막대기를 성공적으로 이동시켰을 때 항상 일정한 패턴의 자극이 주어진다. 일정한 패턴의 자극은 디시브레인이 예측할 수 있는 것이므로, 디시브레인이 좋아하는 상황이다. 하지만 공을 맞히지 못했을 경우에는 디시브레인이 싫어하는, 예측 가능하지 않은 자극이 주어진다. 자유에너지 원칙에 따르면, 신경계는 예측할 수 없는 이른바 '서프라이즈' 자극을 극도로 싫어하는 성질을 갖고 있다. 디시브레인은 게임을 지속하면서, 서프라이즈 자극이 발생하는 횟수를 최소화하고 예측 가능한 자극만 발생하도록 운동 신경세포 영역의 활동을 스스로 조절해 나간다. 학습이 모두 끝나자, 디시브레인은 마치 잘 짜인 컴퓨터 프로그램으로 막대기를 조작하는 것처럼 완벽에 가까운 게임 플레이를 선보였다.

케이건 박사의 연구 결과는 뇌공학자들을 충격에 빠뜨리기에 충분했다. 영화 〈공각기동대〉나 〈로보캅〉에 등장하는, 인공지능과 자연 지능의 결합이 현실에서도 가능하다는 가설이 실제로 증명되었기 때문이다. 과거에는 인간의 뇌가 가소성을 지니고 있기에 생물학적 신경망과 연결된 인공지능이 생물학적 신경망의 변화에 맞추어 능동적으로 변해야 한다고 여겨졌다. 하지만 생물학적 신경망도 주변 환경의 요구에 맞추어 스스로 변할 수 있다는 사실이 증명된 것이다. 다시 말해, 자연 지능과 인공지능이 서로에게 맞추어 가는 공진화co-evolution가 가능하다는 의미다.

이제 뇌과학자들의 관심은 2차원 전극 배열 위에서 배양된 신경망이 아니라 실제 뇌의 미니어처인 뇌 오가노이드도 컴퓨터와 연결될 수 있을지에 쏠려 있다. 뇌 오가노이드는 2차원 신경망에 비해 더욱 복잡하고 정교한 신경망을 이루고 있기에, 〈퐁〉 게임과 같은 단순한 응용이 아니라 훨씬 더 복잡한 응용이 가능할 것으로 기대된다. 그런가 하면 뇌 오가노이드 기술의 발전에 따라 뇌의 특정 부위만을 선택적으로 발달시키는 것도 가능해졌는데, 만약 시각피질의 오가노이드를 만들 수 있다면 카메라와 오가노이드를 직접 연결해 앞에 놓인 대상이 무엇인지를 알아내는, '살아 있는' 비전 센서를 개발할 수도 있을 것이다.

2023년 2월, 케이건 박사를 비롯해 미국 존스홉킨스대학교의 레나 스미르노바Lena Smirnova 교수 등이 '오가노이드 지능organoid Intelligence, OI'이라는 새로운 용어를 발표했다. 이들은 뇌 오가노이드에 다양한 센서나 컴퓨터 등이 연결될 수 있으며 궁극적으로는 인공지능과도 연결될 수 있을 것으로 예상했다. 그런가 하면 서로 다른 오가노이드들을 연결해 새로운 오가노이드 지능을 만들어 낼 수도 있을 것으로 전망했다. 예를 들어, 망막 오가노이드를 이용해 전면에 있는 장애물을 인식하고 망막 오가노이드와 연결된 대뇌 오가노이드가 자동차의 방향을 조절하는 명령을 만들어 낸다면 살아 있는 신경망을 이용한 자율주행 자동차를 만들어 내는 것도 충분히 가능하다.

물론 이런 연구의 결과물이 실제 자율주행 자동차나 비전 센서로 활용될 가능성은 매우 낮다. 살아 있는 유기체에는 항상 적절한 영양분이 공급되어야 하고 학습 과정에도 많은 시간이 걸리기 때문이다. 그럼에도 오가노이드 지능 연구가 중요한 이유는 이러한 연구를 통해 인간 뇌에서 기억과 학습의 메커니즘을 알아낼 수 있기 때문이다. 무엇보다도 오가노이드 지능을 연구함으로써 인간 뇌의 생물학적 신경망과 인공신경망을 연결해 융합 지능을 만들어 내기 위한 핵심 기술을 확보할 수 있을 것으로 기대된다.

# 14.

## 연결되는 뇌들, 뇌-뇌 인터페이스

### 텔레파시는 가능할까

SF 영화 시리즈로 국내에서도 많은 팬을 보유한 〈엑스맨X-Men〉
에는 '프로페서 X'라고 불리는 찰스 자비에라는 인물이 등장한
다. 〈엑스맨〉에는 다양한 능력을 지닌 초능력자들이 등장하지
만, 상대의 생각을 읽거나 마음을 조종하는 분야에서는 자비에
교수를 따라올 자가 없다. 이처럼 멀리 떨어진 사람과 생각을 교
류하는 능력을 우리는 '텔레파시telepathy'라고 한다. 물론 현실에
는 텔레파시 능력을 가진 이가 존재하지 않는다. 적어도 대다수
는 그렇게 믿는다.

강연을 다니다 보면, 가끔 '과학기술이 더 발전하면 뇌파를 읽

어내 사람의 생각을 알아내거나 전자파를 쏘아서 사람의 생각을 바꾸는 것도 가능한가요?'라는 질문을 받는다. 하지만 이런 질문에는 뇌파라는 것이 휴대폰이나 와이파이 공유기가 뿜어내는 마이크로파와 비슷한 것이라는 오해가 담겨 있다. 아마도 '뇌파'라는 용어에도 포함된 파동이라는 뜻이 음파, 전자기파, 마이크로파처럼 주변으로 퍼져 나가는 파동을 가리키는 경우가 많기에 생겨난 오해가 아닐까 싶다. 하지만 실제로는 우리 뇌는 머리 밖으로 어떤 형태의 전자기파도 내보내지 않는다. 뇌파는 신경세포의 활동이 만드는 전류의 흐름이 두피 표면에 만들어 내는 전위 차이를 측정한 것이다. 머리 밖의 공기는 전류가 통하지 않는 부도체이기에 당연히 전류의 흐름은 머리 내부로만 제한된다. 물론 전류가 흐르면 주위에 자기장이 발생하고, 이 자기장이 머리 밖으로 방출되기도 하지만, 두피 바로 위에서 측정한 자기장의 크기도 수십 펨토테슬라$^{fT}$를 넘지 않는다. 1펨토테슬라는 $10^{-15}$테슬라를 의미하는데, 이는 지구가 만드는 자기장의 100억분의 1보다도 작은 값이다. 뇌에서 발생하는 자기장을 측정하기 위해서는 주변의 모든 자기장을 차폐한 상태에서 극도로 민감한 초전도 센서를 이용해야 한다.

그러면 전자기파를 쏘아서 사람의 뇌를 조종하는 것은 가능할까? 2015년 영화 〈킹스맨$^{Kingsman}$〉에서는 특수한 유심칩이 장착된 휴대폰이 전자기파를 발산하며 인근에 있는 사람들의 뇌를 조작한다. 하지만 실제로는 뇌에 전자기파를 쏘아서 신경세포의 활동을 조절하는 것은 불가능하다. 물론 장시간의 전자기파 노출이 뇌 건강에 영향을 끼칠 수 있다는 보고는 있지만, 전자기파 자체가 신경세포의 활동에 영향을 끼칠 수는 없다. 더군다나 여러 방향에서 전자기파를 발생시켜도 전자기파는 직진성을 갖고 있기에 뇌의 특정 부위에 집중시키는 것은 기술적으로 불가능하다.

그렇다면 사람들의 머릿속에 뉴럴링크의 링크와 같은 브레인 칩이 이식되어 있다면 서로 텔레파시를 주고받는 것이 가능할까? 이미 소개한 것처럼, 뉴럴링크의 링크는 뇌에서 발생하는 신호를 읽어 들임과 동시에 뇌를 정밀하게 자극하는 양방향 통신 기능을 갖고 있다. 겉보기에는 한 사람의 링크에서 측정한 신호를 다른 사람의 링크에 전송하면 텔레파시도 가능할 듯하다. 하지만 현실에서는 녹록지 않다. 두 사람의 뇌에서 링크가 부착된 부위가 동일하다면 문제는 더욱 심각해진다. 이는 우리의 뇌가 외부로부터 정보를 받아들이는 영역과 외부로 정보를 출력하는 영역이 명확하게 구분되어 있기 때문이다.

언어 영역을 예로 들어보자. 우리 뇌에서 언어를 담당하는 영역은 크게 측두엽에 위치한 베르니케 영역과 전두엽에 위치한 브로카 영역으로 나눌 수 있다. 베르니케 영역은 언어를 이해하는 영역으로, 청각피질에서 받아들인 음성 정보로부터 문장에 담긴 의미를 파악하는 기능을 한다. 브로카 영역은 언어를 만들어 내는 영역으로서 의미 있는 문장을 만들어 조음기관의 운동

영역으로 전달한다. 우리 뇌에서 베르니케 영역은 입력, 브로카 영역은 출력을 담당한다고 말할 수 있다. 따라서 한 사람의 생각을 다른 사람에게 전달하려면, 한 사람의 브로카 영역에서 측정된 신경신호를 다른 사람의 베르니케 영역으로 보내야 한다. 하지만 문제는 브로카 영역에서 만들어지는 신경신호가 베르니케 영역에서 발생하는 신경신호와 서로 호환되지 않는다는 데 있다. 따라서 브로카 영역에서의 신호를 베르니케 영역의 신호로 변환해 주는 일종의 '번역기'가 필요하다. 이러한 번역기를 개발하기 위해서는 우선 번역기의 수학적 모델을 만든 다음, 한 사람의 브로카 영역과 다른 사람의 베르니케 영역을 연결한 상태에서 수많은 데이터를 모아 번역기 모델을 학습시켜야 한다. 학습에 필요한 충분한 양의 데이터를 수집하기 위해서는 수년이 걸릴지도 모른다. 설령 이런 방식으로 번역기 모델을 완성했다고 하더라도, 이 모델은 두 사람 사이에만 적용이 가능하지 다른 사람들과의 의사소통에는 활용할 수 없다. 물론 이런 방식의 텔레파시를 필요로 하는 사람도 거의 없을 것이다.

그다지 큰 쓸모가 있지 않음에도, 인간의 뇌와 뇌를 연결한다는 아이디어는 너무나도 매력적인 소재이기 때문에 일반인들뿐만 아니라 여러 학자들의 관심의 대상이 되어왔다. 인간을 대상으로 하는 '뇌-뇌 인터페이스' 연구는 2014년 미국 워싱턴대학교 연구팀에 의해 최초로 시도되었는데, 그 아이디어는 매우 간단하다. 논문의 제1저자인 라제시 라오Rajesh Rao 교수는 시애틀에 위치한 워싱턴대학교 캠퍼스의 한 연구실에서 뇌파 측정용 모자를 뒤집어쓰고 앉아 있었다. 논문의 제2저자인 앤드리아 스토코Andrea Stocco 교수는 같은 캠퍼스의 반대쪽에 위치한 자신의 연구실에서 경두개 자기자극 장치를 머리 위에 올려놓고 앉아 있었다. 라오 박사가 오른손을 움직여 키보드 버튼을 누르는 상상을 하면, 운동피질에서 측정되는 뇌파에 작은 변화가 관찰되었다. 뇌파에서 특정한 패턴을 인식하는 알고리즘을 적용하면 라오 박사의 의도를 알아낼 수 있는데, 라오 박사의 오른손 움직임 의도가 검출되면 그 정보는 즉시 스토코 박사의 머리 위에 있는 경두개 자기자극 장치로 전달되었다. 경두개 자기자극 장치는 빠르고 강한 자기장 펄스를 이용해 스토코 박사의 오른손 움직임을 담당하는 운동영역을 자극했고, 그의 오른손은 자동적으로 움찔하며 앞에 놓인 키보드 버튼을 누르게 되었다. 라오 박사가 자신의 오른손으로 직접 키보드 버튼을 누르는 대신, 수 킬로미터 떨어진 스토코 박사를 '조종'해 키보드 버튼을 누르게 하는 데 성공한 것이다.

사실 라오 교수의 연구는 기존의 뇌-컴퓨터 인터페이스와 뇌자극 기술을 단순히 결합해 놓은 것에 지나지 않으며, 기술적으로 새로운 것은 전혀 없다. 기계를 경유해 인간의 뇌와 뇌를 연결했다는 상징적인 의미만 있을 뿐이다. 하지만 이 연구에 대한 대중의 반응은 예상보다 훨씬 뜨거웠다. 서로 다른 인간의 뇌를 연결해 텔레파시를 구현했다는, 다소 부풀려진 기사들이 언론을 통해 전 세계로 퍼져나갔다. 논문이 게재된 학술지가 그리 저명하지 않음에도 불구하고, 논문이 게재된 이후 NBC 뉴스,《텔레그래프》,《파퓰러 사이언스》등을 비롯한 주요 언론에서 이 소식을 비중 있게 다루었다. 트위터와 유튜브의 반응도 뜨거웠다. 머지않아 생각만으로 다른 이들과 소통할 수 있는 길이 열릴 것으로 굳게 믿는 듯했다. 하지만 예상과는 달리 워싱턴대학교의 연구 이후에는 뇌와 뇌를 연결하는 주제의 연구는 거의 발표되지 않았다. 여러 이유가 있겠지만, 현재의 기술 수준으로는 손가락을 움직이는 것 이상의 복잡한 정보를 전달하기가 불가능하다는 것이 가장 큰 이유일 것이다. 앞으로 뉴럴링크나 싱크론의 임상시험이 성공적으로 마무리되고 여러 사람들에게 '브레인 칩'이 이식된다면, 보다 복잡한 정보를 전달하기 위한 뇌-뇌 인터페이스 연구도 다시 이어질 것이다.

## 브레인넷과 하이퍼스캐닝

2015년, 뇌-컴퓨터 인터페이스 분야의 선구자인 미겔 니코렐리스 교수는 원숭이들의 뇌를 연결해 가상의 로봇 팔을 정교하게 움직이게 하는 데 성공했다. 니코렐리스 교수는 세 원숭이 뇌를 서로 연결했다는 뜻으로 이 시스템에 '브레인넷Brainet'이라는 이름을 붙였다. 원숭이들에 적용된 뇌-컴퓨터 인터페이스 기술은 니코렐리스 교수의 이전 연구들에서 사용했던 기술과 크게 다르지 않았다. 연구팀은 먼저 붉은털원숭이들의 대뇌 운동영역에 800여 개에서 2,000여 개에 달하는 미세 전극을 삽입했다. 그러고는 과거 실험에서와 유사하게 조이스틱으로 화면의 커서를 움직이게 하고 그와 동시에 신경신호를 측정함으로써 '뇌 지문' 데이터베이스를 만들었다.

각각의 원숭이에게 부여된 임무는 화면상에 있는 가상의 팔을 생각만으로 조종해 움직이는 물체를 터치하는 것이었다. 가상의 팔이 물체를 성공적으로 건드리면 원숭이에게는 달콤한 주스가 보상으로 주어졌다. 본 실험 이전의 연습 실험에서 원숭이들은 저마다 별다른 어려움 없이 이동하는 물체를 터치하고 달콤한 보상을 받았다. 하지만 정작 본 실험에서는 원숭이가 물체를 터치하더라도 보상이 주어지지 않는 경우가 많았다. 그뿐만 아니라 원숭이들의 의도와 다르게 가상의 팔이 제멋대로 움직이는 경우도 적지 않았다. 어찌 된 일일까?

사실은 가상의 팔을 한 원숭이가 조종하는 것이 아니라 세 원숭이가 같이 조종하고 있었던 것이다. 원숭이들은 서로를 볼 수 없는 독립된 공간에 들어가 있었고, 각각의 원숭이가 가상의 팔을 조종할 수 있는 범위도 제한되어 있었다. 'M', 'C', 'K'라고 이름 붙여진 세 원숭이들이 각각 X-Y 평면, Y-Z 평면, Z-X 평면 위에서만 가상의 팔을 움직일 수 있었던 것이다. 따라서 원숭이 M이 X-Y 평면상에서 물체를 터치했더라도 원숭이 C와 K가 Y-Z 평면과 Z-X 평면상에서 물체를 터치하지 못하면 보상이 주어지지 않는다. 더구나 X, Y, Z축 방향의 움직임은 한 쌍의 원숭이가 동시에 담당하기 때문에, 원숭이들끼리 서로 적절하게 협업하지 않으면 팔을 정교하게 움직이기가 쉽지 않았다. 이 시스템에는 한 가지 약점이 있었는데, 어떤 원숭이가 아예 조종을 포기하면 나머지 두 마리의 원숭이가 비교적 쉽게 가상의 팔을 조종할 수 있다는 점이었다. 연구진들은 이런 상황이 발생하는 것을 방지하기 위해 어떠한 원숭이라도 조종을 하지 않거나 양보할 경우에는 가상의 팔이 움직이지 않도록 시스템을 설계했다.

원숭이들이 이 시스템에 익숙해지는 데는 생각보다 오랜 시간이 걸리지 않았다. 7주 정도의 훈련을 받자, 원숭이들은 손쉽게 가상의 손을 움직여 목표물을 터치했다. 니코렐리스 교수의 실험은 서로 다른 개체들의 뇌를 연결해 함께 문제를 해결하는, '다중 뇌 네트워크'를 최초로 구현했다는 면에서 언론의 관심을 끌었다. 하지만 따지고 보면 니코렐리스 교수의 실험은 조이스틱을 이용해서도 충분히 수행할 수 있는 작업을 뇌파를 이용해서 수행한 것에 지나지 않는다. 서로 다른 뇌에서 나오는 신호를 융합해 혼자서는 해결할 수 없는 어려운 문제를 해결하는, 진정한 의미의 '브레인넷'을 만드는 일은 아직까지는 요원하기만 하다.

2010년대 중반, 뇌과학계에서 하이퍼스캐닝<sup>hyperscanning</sup>이라는 연구가 반짝 주목을 받은 적이 있다. 이때 '하이퍼<sup>hyper</sup>'라는 접두어는 무언가를 뛰어넘는다는 의미를 지니고, '스캐닝<sup>scanning</sup>'은 주로 MRI를 촬영한다는 의미로 쓰인다. 따라서 하이퍼스캐닝이란 기존의 MRI 촬영을 뛰어넘는다는 뜻이다. 너무 당연하지만 오늘날 사용되는 MRI는 한 번에 한 사람의 뇌만을 스캐닝할 수 있다. 하지만 서로 다른 곳에 있는 2대의 MRI를 네트워크로 연결하면 기존 MRI의 한계를 뛰어넘을 수도 있지 않을까?

이 아이디어를 실현한 이는 미국 베일러의과대학의 리드 몬터규Read Montague 교수다. 몬터규 교수는 1,600킬로미터나 떨어진 곳에 설치된 2대의 MRI 기계 안에 누워 있는 두 사람들의 fMRI 신호를 분석함으로써, 사회적으로 교류할 때 사람들의 뇌에서 일어나는 현상을 밝히는 데 성공했다. 몬터규 교수 이후에는 3대 이상의 MRI를 연결하는 연구나 서로 다른 뇌 사이의 연

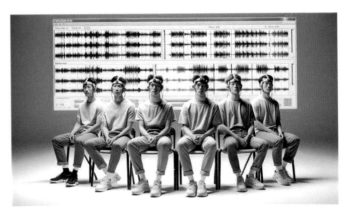

그림 23. 뇌파 하이퍼스캐닝을 하는 장면의 일러스트. (DALL·E 3 생성 이미지)

결성을 측정하는 연구 결과도 발표되었다. MRI를 이용한 하이퍼스캐닝 연구가 활발해지자, 뇌과학자들은 MRI 이외에도 뇌 활동을 관찰할 수 있는 뇌파나 근적외선분광 장치 등을 이용한 하이퍼스캐닝 연구에도 나섰다. 여러 사람들이 동시에 특정 주제에 대해 토론하거나 같은 수업에 참여할 때 사람들의 뇌에서 어떤 공통적인 변화가 발생하는지를 관찰하기 위한 연구가 대부분이었다. 이러한 하이퍼스캐닝 연구의 경우도 아직 '진정한' 브레인넷을 구현했다고 보기는 어렵지만, 여러 사람의 뇌를 네트워크로 연결했다는 점에 의의를 둘 수 있다.

여러 사람의 뇌를 네트워크로 연결하려는 연구는 아직까지는 뾰족한 쓰임새를 찾지 못하고 있다. 하지만 모두가 정밀한 뇌 활동을 측정할 수 있는 브레인 칩을 머릿속에 삽입하고 살아가는 날이 온다면, 여러 사람의 뇌 활동을 융합해 한두 사람들이 해결하지 못하는 난제를 '집단 지성'의 힘으로 해결하게 될지도 모른다. 또한 연결된 뇌 네트워크를 통해 한 사람의 경험이나 지식을 타인이 공유하는 것도 상상해 볼 수 있다. 만약 한 사람의 감정이나 경험을 다른 이들과 공유할 수 있게 된다면, 서로를 보다 잘 이해할 수 있게 되어 불필요한 갈등을 예방하는 효과도 기대해 볼 수 있다.

인류의 역사를 돌이켜 보면, 정체된 것처럼 보이는 기술도 특정한 계기를 통해 한 단계 도약하는 경우가 여럿 있다. 1990년대에 큰 인기를 끌었던 인공신경망 기술이 좋은 예다. 인공신경망은 인공지능 분야의 혁신을 가져올 기술로 각광받았지만, 내부를 들여다볼 수 없다는 단점과 '깊은<sup>deep</sup>' 연산이 불가능하다는 단점으로 인해 1990년대 후반부터 연구자들의 관심으로부터 점차 멀어졌다. 인공신경망을 연구하던 수많은 연구자들이 이 분야를 뒤로하고 다른 연구 주제를 찾아 떠나갔고, 흔히 말하는 '인공지능의 빙하기'가 도래했다. 하지만 절망적인 상황에서도 꿋꿋이 이 분야를 지키던 제프리 힌튼<sup>Geoffrey Hinton</sup> 토론토대학교 교수 등이 '딥 러닝'이라는 개념을 도입하면서, 10년 이상의 빙하기는 막을 내렸고 지금의 인공지능 열풍이 일어나게 되었다.

현재 브레인넷 연구는 정체기를 맞고 있다. 브레인넷이 쓰일 수 있는 응용 분야가 분명하지 않기도 하거니와, 여러 사람의 뇌 활동을 정확하게 읽어내는 것도 쉽지 않은 탓이다. 또한 fMRI는 가격이 비쌀 뿐만 아니라 사용 시 피험자가 가만히 누워 있어야 하기에 다양한 행동들에 대한 실험을 하기가 어렵다. 하지만 이 분야의 가능성을 믿고 꾸준히 브레인넷 연구를 진행하는 연구자들이 있다. 가까운 미래에는 수많은 뇌가 서로 연결되어 개인의 지성을 뛰어넘는, 진정한 브레인넷을 경험할 수도 있지 않을까 짐작해 본다.

# 15

## 기억을 지우고
## 지능을 높이는, 전자두뇌

### 기억력을 향상시키는 칩의 출현

스칼렛 요한슨 주연의 영화 〈공각기동대〉에는 생물학적 뇌의
일부를 '전뇌'라고 불리는 전자두뇌로 대체하고 컴퓨터 시스템
에 자유자재로 접속하는 장면이 등장한다. 앞서 줄기세포로부
터 배양한 '미니어처 뇌'를 소개할 때, 뇌 오가노이드를 발전시
켜 손상된 뇌를 대체하려는 시도가 있다고 말했다. 그렇다면 과
연 생물학적으로 만든 뇌가 아닌 전자공학 기술로 만든 '실리콘
뇌'\*로 손상된 뇌의 일부를 대체하는 것이 가능할까?

\*   실리콘은 반도체의 소재다.

물론 현재의 기술 수준으로는 불가능하다. 하지만 미래에는 충분히 가능하다고 믿는 뇌공학자들이 아주 많다. 최근 '뉴로모픽 칩'이라고 불리는 반도체 칩이 개발되고 있는 것도 전자두뇌의 실현 가능성을 더욱 높이고 있다. 뉴로모픽 칩은 뇌의 정보처리 과정을 모방해 만든 반도체 칩으로, 중앙처리장치들 사이에 생물학적인 시냅스 역할을 하는 멤리스터memristor라는 저장 소자를 삽입해 뇌의 정보처리 과정과 유사한 방식으로 정보를 처리한다. 뉴로모픽 칩은 인간 뇌의 작동 방식과 비슷하게 만들어진 데다가, 신경신호의 형태로 입출력이 가능하기에 언젠가 인간의 뇌와 결합이 가능할 것이라는 희망적인 전망이 나오고 있다.

하지만 우리가 절대로 간과하지 말아야 하는 사실은, 우리 뇌가 전기신호만으로 동작하는 컴퓨터가 아니라는 점이다. 뇌는 호르몬이라는 다양한 화학물질을 만들어 내고 이 화학물질들이 운동이나 감정과 같은 다양한 뇌 기능에 큰 영향을 미친다. 따라서 뉴로모픽 칩 기술로 뇌와 컴퓨터가 전기적으로 연결된다고 하더라도, 화학적으로 연결되지 않으면 완전하게 결합되지 않을 수 있다.

화학적 결합은 전기적인 결합보다 훨씬 어렵다. 먼저 특정한 호르몬이나 신경전달물질을 전자두뇌를 통해 뇌에 주입하는 것 자체가 어려움이 많다. 최근 화학적인 방법으로 신경세포를 자극하는 연구가 진행되고는 있지만, 머리 외부에서 화학물질을 끊임없이 공급해야 한다는 문제가 있다. 호르몬이나 신경전달물질을 자체적으로 생산하는 '소형 화학 공장'을 만들지 못한다면 현실성이 떨어진다. 물론 희망적인 소식이 없지는 않다. 화학물질 주입은 어렵지만, 뇌에서 분비되는 화학물질을 아주 민감하게 측정하는 길이 열리고 있다. 특히 신경전달물질 측정 방법으로 널리 쓰이는 고속스캔 순환 전압전류법의 경우, 장시간 체내에 삽입하면 전극이 부식되는 문제가 있었는데 최근 한양대학교와 미국 메이요클리닉Mayo Clinic의 공동 연구팀에 의해 장기간 사용 가능한 전극이 개발되었다.

만약 전자두뇌가 만들어지면 뇌의 어느 부위부터 대체하게 될까? 뇌공학자들은 그 첫 번째 대상이 해마hippocampus일 것이라고 예상한다. 우리 뇌에서 해마는 매우 중요한 역할을 맡고 있는데, 바로 단기 기억을 장기 기억으로 변환하는 기능이다. 대뇌변연계의 깊은 곳에 좌우 한 쌍으로 자리잡고 있는 해마는 대뇌피질의 거의 모든 영역과 직접 연결되어 대뇌피질 곳곳에 기억에 대한 정보를 분배하는 역할도 담당한다. 이런 중요한 기능을 하는 해마가 손상되면 조금 전 일어났던 일도 금새 잊어버리게 된다. 알츠하이머에 걸리면 뇌의 여러 부위에서 위축이 발생하는데, 보통 가장 먼저 위축되는 부위가 해마여서 초기 알츠하이머 환자들은 건망증을 호소하는 경우가 많다. 그런데 이렇게 중요한 역할을 하는 해마이지만 의외로 인간 뇌에서 구조적으로 가장 단순한 부위도 바로 해마다. 인간의 뇌를 생각할 때 보통 가장 먼저 떠오르는 대뇌의 겉질은 무려 6개의 층으로 구성되어 있어 그 구조가 매우 복잡하다. 하지만 해마는 단 3개의 층으로만 구성되어 상대적으로 단순한 구조를 갖는다.

중요한 기능을 하지만 단순한 구조를 가지고 있기에 전자회로로 해마를 모사하려는 시도는 꽤나 오래전부터 있었다. 해마가 기억을 담당하기에 인공적인 전자 해마를 만드는 기술을 '기억 보철memory prosthesis'이라고도 부른다.* 기억 보철의 선구자는 미국 서던캘리포니아대학교 신경과학과의 시어도어 버거Theodore Burger 교수다.

1976년 미국 하버드대학교 심리학과에서 박사학위를 취득한 버거 교수는 박사과정 시절부터 유독 해마에 관심이 많았다. 그는 해마가 인간의 학습과 기억 과정에 핵심적인 역할을 한다는 사실을 잘 알고 있었고, 인간을 대상으로 수행하기 힘든 다양한 실험을 토끼나 유인원을 대상으로 실시해 일찍부터 학계의 주목을 받았다. 버거 교수는 이후 20년 이상, 해마를 비롯한 다양한 뇌 구조물의 기능을 밝히기 위한 뇌과학 연구에만 집중했다. 그러던 그가 손상된 해마의 기능을 회복하는 연구를 시작하게된 것은 우연찮은 기회에 같은 대학교 바이오메디컬공학과의 바실리스 마르마렐리스Vasilis Marmarelis 교수를 만나면서부터였다. 마르마렐리스 교수는 원래 유방암을 측정하는 다중모달 초음파단층촬영 기기를 개발하거나 혈당을 모니터링하는 장치 등을

---

* 보철은 상실된 인체 기관을 대체하는 인공물을 뜻한다.

개발하는 바이오메디컬공학자로, 뇌과학 연구와는 전혀 관련이 없었다. 그러다가 1990년대 후반에 이르러 당시 폭발적인 인기를 끌던 인공신경망 연구에 관심을 갖게 되었다. 그는 인공신경망의 성능을 끌어올리기 위해서는 뇌과학 연구자와 손잡아야 한다고 생각하고는 같은 대학교 신경과학센터의 센터장이었던 버거 교수를 찾아갔다. 뼛속까지 공학자였던 마르마렐리스 교수와 수학이나 공학과는 아예 담을 쌓고 살던 버거 교수는 의외로 공통점이 있었다. 바로 동갑내기라는 점이었다. 둘은 이내 친한 친구가 되었고 점차 서로의 연구 분야를 이해하게 되었다.

인공신경망 전문가였던 마르마렐리스 교수는 버거 교수와 함께 '해마의 구조를 모방한 인공신경망을 만들면 해마의 기능을 대체할 수 있지 않을까?' 하는 혁신적인 아이디어를 내기에 이르렀다. 그들은 해마의 구조를 모방한 인공신경망에 실제 해마에서 측정한 다양한 신경신호를 입력과 출력으로 대입하며 인공신경망을 학습시켰다. 그렇게 완성된 인공신경망에 해마의 한쪽 끝에서 측정한 신호를 집어 넣자, 반대쪽 끝에서 측정되는 신호를 예측하는 것이 가능했다.

버거 교수는 이렇게 만든 인공신경망을 손상된 해마 대신 사용할 수 있을 것이라고 굳게 믿었다. 2001년, 그는 자신의 아이디어를 정리해 「차세대 신경보철을 위한 뇌 이식형 생체모방 전자 시스템Brain-implantable biomimetic electronics as the next era in neural prosthetics」이라는 제목의 논문을 발표했다. 이 논문에서 버거 교수는 손상된 뇌 부위를 전자회로로 대체하는, 전자두뇌의 구체적인 실행 방안까지 제시했다. (공교롭게도 이 논문이 실린《전기전자공학회 회보》는 뇌-컴퓨터 인터페이스의 창시자인 자크 비달 교수가 최초의 뇌-컴퓨터 인터페이스 시스템을 발표한 학술지이기도 하다.) 하지만 처음 몇 년간 '컴퓨터'가 없어 자신의 아이디어를 구현하지 못했던 비달 교수와 마찬가지로, 버거 교수의 아이디어도 그리 쉽게 구현되지 않았다.

2000년대 초반, 아예 연구 분야를 뇌 모방 전자회로로 바꾼 버거 교수는 그의 수제자인 동 송Dong Song 교수와 함께 기억 보철 연구에 매달렸다. 그의 아이디어가 발표된 지 정확히 10년이 지난 2011년, 드디어 버거 교수 연구팀이 만든 '해마 칩hippocampus chip'이 살아 있는 쥐의 해마에 이식되었다. 버거 교수는 쥐를 훈련시켜 지연 표본 불일치delayed nonmatching-to-sample, DNMS라는 과제를 수행하게 했다. 이 실험은 하나의 샘플을 보여주고 일정 시간이 흐른 뒤 기존에 보여주었던 샘플과 다른 샘플을 선택하면 보상이 주어지는 간단한 기억 측정 과제다. 쥐 앞에는 2개의 서로 다른 레버가 놓여 있다. 두 레버 가운데 하나의 레버에 불이 켜지면 쥐는 앞발로 그 레버를 누른다. 몇 초가 지난 뒤 두 레버 모두에 불이 켜지면, 쥐는 조금 전에 눌렀던 레버가 아닌 다른 레버를 찾아 눌러야만 보상으로 물을 받아 마실 수 있다. 처음 누른 레버와 같은 레버를 누르면 아무런 보상이 주어지지 않을 뿐만 아니라 방의 불이 5초 동안 꺼지는 '벌칙'을 받는다. 당연히 두 레버를 누르는 시간 사이의 간격이 늘어나면 정확도는 떨어진다.

버거 교수는 정상적인 쥐가 지연 표본 불일치 과제를 수행할 때, 쥐 해마의 각 부위에서 매우 정밀하게 신경신호를 측정했다. 쥐의 해마에는 CA1과 CA3라는 영역이 있는데, CA3가 먼저 신호를 받아들인 이후에 CA1에서 출력 신호가 생성된다. 버거 교수는 샘플 레버를 누를 때 CA1과 CA3에서 측정되는 신경신호를 반복적으로 측정한 뒤 CA3 신호만으로 CA1 신호를 예측하는 수학적 모델을 만들었다. 이 수학적 예측 모델은 다시 전자회로 형태의 해마 칩으로 만들어졌다.

그런 다음, 버거 교수는 쥐 해마의 기능을 억제시켜 기억 능력을 떨어뜨리는 MK801이라는 약물을 CA3 부위에 2주간 꾸준히 주입했다. 약물 주입으로 인해 CA3의 신호가 CA1으로 제대로 전달되지 않자, 쥐는 지연 표본 불일치 과제를 제대로 수행하지 못하게 되었다. 버거 교수는 이 쥐의 해마에 연결된 해마 칩을 이용해 CA3에서 신호를 측정한 뒤 예측 모델을 이용해 CA1의 신호를 예측했고, 다시 그 신호를 CA1의 위치에 전기 자극으로 전달했다. 그랬더니 놀랍게도, 해마 칩을 이식한 쥐는 지연 표본 불일치 과제를 이전처럼 잘 수행했다.

후속 연구에서 버거 교수는 정상적인 쥐의 해마에 해마 칩을 이식한 다음, 해마 칩을 이용해 예측한 신호를 기존의 신호에 더해 전기 자극으로 전달했다. 그랬더니 해마 칩을 삽입한 쥐가 이

전보다 더 높은 정확도로 지연 표본 불일치 과제를 수행하는 것이 아닌가! 해마 칩으로 인해 기억 능력이 향상되었다는 뜻이다. 현재 해마 칩은 알츠하이머로 인한 기억력 저하로 고통받는 환자들의 삶의 질을 높여주기 위한 목적으로 개발되고 있다. 하지만 기억 능력에 문제가 없는 일반인도 해마 칩을 사용하면 더 뛰어난 기억력을 가지게 될 것이라는 예상이 가능하다. 버거 교수 연구팀은 커넬Kernel이라는 회사를 통해 사람의 뇌에 이식이 가능한 해마 칩을 개발하는 프로젝트를 시작했다. 커넬은 지금까지 우리 돈으로 3,000억 원에 달하는 큰 규모의 투자금을 유치한 것으로 알려져 있다.

해마 칩처럼 머릿속에 삽입하는 브레인 칩을 구현할 때 가장 큰 이슈는 배터리다. 커넬은 사람의 두개골 자리에 배터리와 신호 측정, 신호 변환, 전기 자극이 모두 가능한 전자회로를 삽입하는 방식을 채택했다. 뉴럴링크가 만든 '링크'와 비슷한 방식이다. 하지만 뉴럴링크가 개발 중인 신경 인터페이스와는 달리 커넬의 해마 칩은 깨어 있는 동안 연속적으로 전기 자극을 해야 하기에 배터리 소모량이 클 것으로 예상된다. 대용량 배터리를 삽입하는 수술은 상대적으로 어렵기 때문에, 향후에는 브레인 칩에 자체적으로 전기에너지를 생산하는 '에너지 하베스팅energy harvesting' 기술이 적용될 것으로 예상하는 연구자가 많다.

에너지 하베스팅이란 문자 그대로 에너지를 수확한다는 뜻이다. 사람이 움직일 때의 운동에너지를 전기에너지로 변환하거나, 두피 표면에 태양전지를 부착해 수집한 전기에너지를 배터리에 전달하는 방식을 생각해 볼 수 있다. 하지만 이런 방식으로는 에너지를 상시로 수집하는 것이 불가능하다. 따라서 항상 일정한 전기에너지를 얻기 위한 방법으로는 생체연료전지biofuel cell 기술이 개발되고 있다.

　인간의 뇌와 두개골 사이를 채우고 있는 액체인 뇌척수액에는, 다시 인체로 재흡수되지 않고 배출되는 글루코스가 다량 존재한다. 글루코스는 세포의 활동에 필요한 에너지(아데노신 3인산ATP)를 생산하는 포도당을 의미한다. 글루코스는 화학반응을 통해 전기에너지로 변환할 수 있는데, 체내의 글루코스로부터 전기를 생산하는 '글루코스 연료전지' 기술이 활발히 연구되고 있다. 2010년대 초반부터 연구된 글루코스 연료전지는 해를 거듭할수록 작은 크기와 높은 효율을 경신해 가고 있다. 2022년 미국 MIT와 독일의 뮌헨공과대학교의 공동 연구팀이 발표한 글루코스 연료전지는 사람 머리카락 굵기의 100분의 1 수준인 400나노미터의 두께로, 제곱센티미터당 43마이크로와트의 전기를 생산하는 것이 가능하다. 하지만 현재 인체에 삽입되는 임플란트가 소모하는 전력량이 수백 밀리와트 수준이므로, 연료전지의 면적은 최소 100제곱센티미터는 되어야 한다. 정사각형 형태로 제작한다고 가정하면 한 변이 10센티미터는 되어야 한다는 것인데, 이는 아직 뇌에 삽입할 수 있는 수준이 아니다. 그렇지만 현재 기술로도 충전식 배터리와 동시에 사용할 경우 배터리의 크기를 줄이거나 충전 시간을 단축하는 데 도움이 될 것으로 기대된다. 또한 연료전지의 효율이 계속해서 높아지고 있기 때문에, 머지않아 외부에서 배터리를 충전할 필요 없이 인체 내에서 반영구적으로 사용이 가능한 브레인 칩이 개발될지도 모른다.

## 머릿속에 지식 주입하기

"뇌에 칩만 심으면 몰랐던 외국어도 술술? 머스크의 도전"
(《중앙일보》, 2017. 3. 29.)

"두뇌-컴퓨터 결합 도전… 인류 진화 계기"(KBS, 2017. 3. 28.)

"머스크, AI까지 넘본다"(《서울경제》, 2017. 3. 28.)

일론 머스크가 뉴럴링크의 설립을 발표한 2017년 3월 말에 보도된 국내 언론 기사들의 제목이다. 기사 제목에서처럼 일론 머스크는 인공지능의 위협에 맞서기 위해서는 인간의 뇌와 인공지능을 연결해야 한다고 주장했고, 뉴럴링크가 바로 그 출발점이라고 밝혔다.

　인간의 뇌가 인공지능과 직접 연결되면 어떤 일들이 일어날까? 가장 쉽게 상상해 볼 수 있는 상황은 수학 문제를 쉽게 푸는 것이다. 수학 문제를 풀 때는 우선 전전두엽을 이용해 어떤 과정으로 문제를 해결해야 할지에 대한 아이디어를 떠올리게 된다.

문제 풀이에 대한 논리적인 밑그림이 그려지면 이어지는 복잡한 계산 과정을 거쳐 최종적인 해답을 도출한다. 그런데 우리의 뇌와 인공지능이 직접 연결되어 있다면, 우리 뇌에서는 문제 풀이 방법만을 생각하고 이후 계산 과정은 인공지능이 자동으로 수행할지도 모른다. 자연 지능과 인공지능의 협업 모델인 셈이다. 어떤 정보를 검색하고 싶을 때도 스마트폰으로 웹브라우저를 띄우거나 스마트폰 비서에 말을 걸지 않고도, 생각만으로 원하는 정보를 손쉽게 얻을 수 있을 것이다.

하지만 이러한 상상은 현재의 뇌공학 기술 수준을 고려할 때 가까운 미래에는 구현하기 어려울 것으로 보인다. 아직은 인류가 '신경 부호' 또는 '뉴럴 코드neural code'라고 불리는 뇌의 언어를 해독해 내지 못하고 있기 때문이다. 신경세포가 정보를 주고받을 때는 마치 모스부호와 비슷한, 디지털 방식의 부호를 사용한다. 만약 뉴럴 코드의 의미를 정확하게 이해할 수 있다면, 각종 지식과 정보를 뉴럴 코드로 변환해 뇌에 주입할 수도 있을 것이다.

영화 〈매트릭스〉에서는 주인공인 네오의 머릿속에 주짓수 프로그램을 업로드하는 장면이 등장하는데, 무술을 전혀 모르던 네오가 불과 7분 만에 가상현실상에서 주짓수 최고수로 등극하게 된다. 이론적으로는, 우리 뇌의 뉴럴 코드를 완벽하게 이해하면 특정한 지식과 경험을 뉴럴 코드로 번역한 다음 뇌에 주입하는 것이 가능하다. 다만, 7분 만에 주짓수를 머릿속에 입력할 수 있는지 하는 부분은 잠시 생각해 볼 필요가 있다.

먼저 우리 뇌의 정보처리 속도는 생각보다 빠르지 않다. 신경세포가 활동할 때 나타나는 활동전위action potential는 아주 짧은 시간 발생하고 사라지기에 순간적으로 발생하는 펄스처럼 보이지만, 실제로는 1밀리초 정도의 지속 시간을 가진다. 따라서 신경세포가 아무리 빠르게 활동한다고 하더라도 1초에 1,000번 이상 활동전위를 만들어 내는 것은 물리적으로 불가능하다. 신경세포의 정보처리 속도를 컴퓨터의 연산 속도로 나타내면 1킬로헤르츠 남짓한 클럭 속도(동작 속도)를 가진다고 할 수 있다. 최근 데스크톱에서 자주 쓰이는 CPU인 인텔 i7 프로세서의 클럭 속도는 4기가헤르츠 정도로, 인간 뇌의 정보처리 속도보다 약 400만 배나 더 빠르다. 물론 인간의 뇌는 여러 개의 신경세포를 동시에 사용함으로써 정보를 병렬적으로 처리하기에 1킬로헤르츠보다는 빠른 연산 속도를 가진다고 말할 수 있다. 그럼에도 7분이라는 짧은 시간에 수백 기가바이트에 달하는 방대한 데이터를 업로드하는 것은 결코 쉬운 일이 아니다. 그뿐만이 아니다. 단편적인 지식이 아니라 주짓수와 같이 운동과 관련된 정보는 운동이 '몸'에 배는 시간이 필요하다. 뇌의 가소성에 의해 시냅스의 구조적인 변화가 생겨나려면 지속적이고도 반복적인 자극이 주어져야 하기 때문이다. 단 한 번의 정보 주입만으로는 절대 무술 고수가 될 수 없다는 이야기다.

뇌에 직접 정보를 입력하는 것은 현재의 기술 수준으로는 어려운 일이지만, 다양한 방법으로 뇌를 자극해 뇌의 활동을 조절하는 기술은 지금도 많이 연구되고 있다. 예를 들어, 우리 연구팀은 최근 사람의 뇌에 미세 전류를 흘려주는 방법으로 동체시력을 강화할 수 있다는 연구 결과를 발표했다. 여기서 동체시력이란 움직이는 물체를 빠르고 정확하게 인식하는 능력을 의미한다. 우리 연구팀은 대뇌의 시각피질에 다양한 파형의 교류를 흘려주는 전기 자극을 시도했는데, 여러 파형들 가운데 알파파(10헤르츠) 파형의 골짜기 부분에 감마파(80헤르츠)를 삽입한 새로운 형태의 전류 파형이 동체시력을 향상시켰다. 시각 정보를 처리할 때 후두엽에서 발생하는 뇌파를 분석해 보면 알파파가 감소하는 시점에 감마파가 증가하는 양상을 보이는데, 우리는 이러한 현상에 착안해 새로운 자극 전류 파형을 고안해 낸 것이다.

우리 연구팀이 사용한 뇌 자극 방식은 '경두개교류자극tACS'이라고 불리는데, 두피에 부착한 전극을 통해 2밀리암페어 정도의 미세한 교류를 뇌에 흘려주는 것이다. 경두개교류자극은 기억력, 집중력, 판단력, 통증과 같은 다양한 뇌 기능을 조절하는 데 효과가 있다고 알려져 있으며, 우울증이나 난독증과 같은 뇌 질환의 치료를 위한 기술로도 연구된다. 실험에는 총 20명의 건강한 자원자들이 참여했는데, 위, 아래, 왼쪽, 오른쪽 가운데 한 방향에만 좁은 틈이 나 있는 작은 링이 왼쪽이나 오른쪽으로 빠르게 이동할 때, 링이 뚫린 방향을 알아맞히는 실험이었다. 이 실험은 뇌 자극 전, 뇌 자극 직후, 뇌 자극 10분 후에 각각 진행되었다. 가짜 뇌 자극을 주었을 때나 알파파의 봉우리에 감마파가 삽입된 전류로 자극했을 때는 자극 전후에 정확도의 변화가 없었다. 하지만 알파파의 골짜기에 감마파를 삽입한 전류를 이용해 뇌를 자극했을 때는 방향에 대한 인식 정확도가 크게 상승했다. 더군다나 한번 증가된 정확도는 10분이 지난 시점까지도 감소하지 않고 유지되었다.

이처럼 동체시력을 강화하는 기술은, 비행하는 도중 주변 환경이나 타깃을 정확하게 식별해야 하는 전투기 파일럿에게 적용하면 작전 수행 능력의 향상에 도움을 줄 수 있다. 빠르게 날아오는 공을 순간적으로 포착해야 하는 탁구나 야구, 상대의 빠른 주먹을 피해야 하는 복싱 등의 스포츠 종목에서도 선수의 능력치를 높이기 위해 쓰일 수 있다.

이러한 뇌 자극 기술을 뉴럴링크의 링크와 같은 브레인 칩에 적용하면 뇌의 특정 영역에 집중적인 자극을 줌으로써 뇌 기능을 마음대로 조절하는 것도 충분히 가능하다. 실제로 미국의 군사 기술 연구 기관인 방위고등연구계획국[DARPA]은 'DARPA 브레인 칩 프로젝트'라고 불리는, 외상후 스트레스장애[PTSD]를 겪는 병사의 기억을 조절하는 브레인 칩 개발 연구에 착수했다. 떠올리기 싫은 기억이 저장된 부위를 기능적 자기공명영상으로 알아낸 뒤 그 부위에 DARPA 브레인 칩을 삽입하면, 일상에서 그 기억이 떠오를 때 몸 밖에 있는 스위치 버튼을 눌러 기억을 일시적으로 없앨 수 있다.

인체를 대상으로 하는 연구는 아직 시작되지 않았지만, 이론

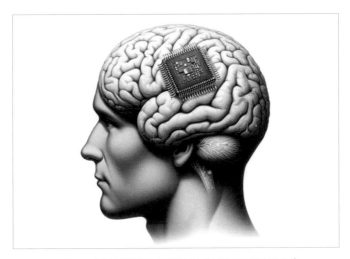

그림 24. 뇌에 브레인 칩을 삽입한 모습 (DALL·E 3 생성 이미지)

적으로는 계산 능력을 향상시키거나 기억 능력을 향상시키는 브레인 칩을 개발하는 것도 얼마든지 가능하다. 인위적으로 인간의 능력을 향상시킨다는 점에서 발생하는 윤리적인 문제만 극복할 수 있다면, 언젠가 자신의 정신적 능력을 향상시키기 위해 기꺼이 두개골을 열고 브레인 칩을 삽입하는 이들이 적지 않게 생겨날 것이다.

미국의 작가인 스티븐 코틀러는 2015년 저술 『투모로우랜드 Tommorrowland』에서 "우리 인간은 더 이상 '휴먼 빙human being'이 아니다. 우리는 이제 '휴먼 비커밍human becoming'이다"라는 말을 남겼다. 인간이 정지된 존재가 아니라 스스로를 변화시키며 자신을 진화시켜 나가는 존재라는 의미다. 인간이 뇌공학 기술로 자신의 능력을 강화하거나 지능을 확장하는 것이 가능해진다면 어떤 일들이 일어날까? 이어지는 마지막 장에서는 다 함께 뇌공학이 바꿀 우리의 미래에 대해 생각해 보자.

# 16

## BCI, 네 가지 미래 예측 시나리오

### 깊고 어두운 터널을 비추는 빛

2015년, 과학기술 정책을 연구하는 한 정부 기관으로부터 15년 뒤인 2030년까지 뇌-컴퓨터 인터페이스 분야가 얼마나 발전할 것인지 예측하는 보고서 작성을 도와달라는 요청을 받았다. 특히, 보고서 내용 중에는 2030년이 되었을 때 전체 장애인 중에서 몇 퍼센트나 침습형 뇌-컴퓨터 인터페이스를 사용할 것인지를 예측하는 항목도 있었다. 2015년 당시만 하더라도 침습형 뇌-컴퓨터 인터페이스는 미국 내의 일부 연구실에서나 인체 대상 실험이 가능한 상황이었고, 그마저도 여러 기술적인 문제들로 인해 장기간의 실험은 어려웠다. 게다가 뇌에 마이크로 전극을 이식해 생각만으로 로봇 팔을 조종하는 실험에 성공한 브레인게이트마저 도산 위기에 놓였다는 소식도 들려오던 시절이었다. 국내 상황은 더 열악했다. 우리나라는 원숭이를 대상으로 하는 실험조차 진행된 적 없었던, 침습형 뇌-컴퓨터 인터페이스의 불모지나 다름없었다. 따라서 그 질문에 대한 나의 대답은 명확했다.

"0퍼센트."

보고서를 제출하자 기관 담당자에게서 곧바로 전화가 걸려왔다. 그녀는 침습형 뇌-컴퓨터 인터페이스가 15년 뒤 실제 환자에게 쓰일 가능성이 0퍼센트라면 조사에 전혀 의미가 없다고 말했다. 그러면서 조금이라도 희망적으로 예측해 줄 수 없는지 다시 한번 물어보았다. 침습형 뇌-컴퓨터 인터페이스 연구를 지원하는 분위기를 조성하는 데 일조할지 모른다는 것이었다. 하는 수 없이 나는 별다른 근거도 없이 '10퍼센트'라는 애매한 수치를 기입했다. 수정된 보고서가 첨부된 이메일의 전송 버튼을 누르면서도, 나는 무언가 개운치 못한 기분을 떨칠 수 없었다. 아무리 15년 뒤라고 하더라도 적지 않은 장애인들이 침습형 뇌-컴퓨터 인터페이스를 쓰는 것은 불가능한 일처럼 느껴졌다.

그런데 그로부터 불과 2년 후, 일론 머스크의 뉴럴링크가 설립되면서 상황은 180도 달라졌다. 뉴럴링크는 전 세계의 뇌공학자, 뇌과학자, 생물학자, 인공지능 공학자를 진공청소기처럼 빨아들이더니 불과 3년 만에 혁신적인 뇌 이식형 인터페이스 장치를 발표했고, 그로부터 다시 3년 뒤에는 FDA로부터 인체 대상 임상시험 허가를 획득했다. 지금의 추세라면 2030년이 되기도 전에 뉴럴링크의 임상시험이 종료되고 많은 장애인들의 머릿속에 '링크'가 삽입될 가능성이 높다.

이처럼 과학기술의 발전 속도는 우리의 예상보다 훨씬 빠르다. 특히 인공지능 기술의 폭발적인 발전은 그 전까지는 불가능하다고 여겨진 새로운 뇌-컴퓨터 인터페이스 기술을 가능하게 만들고 있다. 가장 대표적인 사례가 언어 뇌-컴퓨터 인터페이스speech brain-computer interface, 이른바 '언어 BCI'라는 기술이다. 마음속으로 말하면 실제 음성으로 바꾸어 주는, 뇌-컴퓨터 인터페이스 기술의 이른바 '끝판왕' 격이다.

앞서 말했듯이, 우리 뇌에서 언어를 만들어 내는 영역은 '브로카 영역'이라는 좌뇌 전두엽 부위로, 1861년 프랑스의 외과의사인 폴 브로카Paul Broca에 의해 발견되었다. 언어와 관련된 뇌의 활동은 너무 복잡해서 머리 밖에서 측정하는 뇌파로는 읽어내기가 어렵기 때문에, 뇌공학자들은 두개골 아래, 다시 말해 대뇌의 피질 표면에서 읽어 들인 뇌파를 통해 언어 BCI를 구현하고자 시도했다. 하지만 아무 질환도 없는 이들을 대상으로 전극을 삽입하는 뇌 수술을 진행할 수는 없는 노릇이었기에, 보통은 수술을 앞둔 뇌전증 환자를 대상으로 연구가 진행되었다.

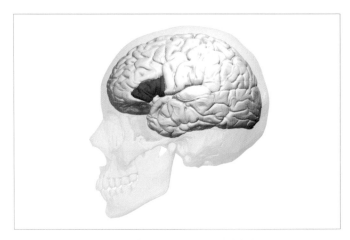

그림 25. 언어를 담당하는 브로카 영역의 위치.

과거에는 '간질'이라고 불린 뇌전증은 일상생활 중 갑자기 정신을 잃거나 발작을 일으키는 심각한 뇌신경 질환인데, 약물 치료로 효과를 보는 경우도 있지만 발작을 일으키는 핵심 뇌 부위를 수술로 제거해 치료하는 경우도 적지 않다. 보통은 뇌 수술을 진행하기 전, 수술 부위를 정밀하게 결정하기 위해 피질전도electrocorticogram, ECoG라는 신호를 측정하는 전극을 뇌 표면에 조밀하게 부착한다. 발작이 일어나는 시점의 피질전도를 측정해야 하기에, 환자들은 짧게는 수일에서 길게는 일주일 이상 머릿속에 전극을 삽입한 상태로 지내게 된다. 그런데 이는 언어 BCI 개발에 필요한 최적의 조건을 갖추는 것이기도 하다.

언어 BCI는 이처럼 수술 전의 뇌전증 환자를 대상으로 연구하기 때문에, 주로 BCI 기술에 관심을 보이는 신경외과 의사를 중심으로 연구되어 왔다. 언어 BCI의 가능성을 처음으로 제시한 이도 미국 워싱턴대학교 신경외과의 에릭 로이타트<sup>Eric</sup> Leuthardt 교수였다. 2011년, 로이타트 교수는 뇌전증 환자들이 서로 다른 음절을 소리 내어 말할 때 뇌에서 발생하는 피질전도를 측정해 컴퓨터 마우스 커서를 좌우로 움직이는 데 성공했다. 그는 피질전도 신호에서 높은 감마 대역(뇌파에서 30~100헤르츠 대역) 신호가 언어와 밀접한 관련이 있다는 사실도 밝혀냈다.

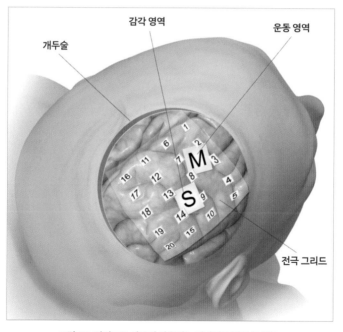

그림 26. 언어 BCI 연구에 사용되는 피질전도 전극 모식도.

로이타트 교수의 연구 결과가 발표되자, 전 세계의 수많은 뇌공학자들이 언어 BCI 분야에 뛰어들기 시작했다. 그중에는 청화대학교 의공학과 교수로서 미국 존스홉킨스대학교의 겸임교수를 맡으며 여러 훌륭한 논문들을 출판한 세계적인 BCI 연구자, 보 홍<sup>Bo Hong</sup> 교수도 있었다. 2010년대 초반, 홍 교수는 언어영역인 브로카 영역에 전극을 삽입한 뇌전증 환자가 있으면 언제 어디서든 자기 연구팀을 끌고 달려갔다. 나는 2013년 국제 BCI 학회에서 홍 교수를 만날 기회가 있었는데, 그는 브로카 영역에서 측정한 피질전도의 높은 감마 대역 신호에서 음성과 비슷한 패턴을 발견했다며 흥분을 감추지 못했다. 수년 안에 언어 BCI를 만들 수 있으리라고 굳게 믿는 듯했다.

하지만 언어 BCI는 상상 이상으로 어려운 기술이었다. 2017년에 베이징에 위치한 홍 교수의 연구실을 방문했을 때는, 홍 교수는 낙담한 듯이 자신의 연구가 완전히 실패했고 2013년에 얻은 신호는 브로카 영역에서 발생한 것이 아니라 아무래도 브로카 영역 뒤쪽에 위치한 운동영역에서 나온 신호인 듯하다고 말했다. 당시에는 홍 교수뿐만 아니라 많은 뇌공학자들이 브로카 영역에서 측정한 피질전도 신호에만 집중했는데, 그도 그럴 것이 '언어 영역은 곧 브로카 영역'이라는 공식이 모두의 머릿속에 깊이 자리 잡고 있었기 때문이다.

하지만 언어 BCI는 꿈같은 이야기라며 모두가 포기하려던 그때 희망의 끈을 놓지 않은 한 신경외과 의사가 있었는데, 바로 미국 캘리포니아주립대학교 샌프란시스코캠퍼스 신경외과의 에드워드 창Edward Chang 교수였다. 창 교수는 2013년《네이처 Nature》에 「발성과 관련된 감각운동 피질의 기능적 구조Functional organization of human sensorimotor cortex for speech articulation」라는 논문을 발표했다. 그는 입술이나 혀 같은 조음기관과 관련된 대뇌 운동 영역에서 발생하는 피질전도를 정밀하게 측정한 다음, 사람이 발성할 때 활동하는 운동영역의 기능 지도를 만들어 냈다. 그럼에도 2013년 당시에는 창 교수의 연구가 언어 BCI 구현에 활용되리라고 기대한 이는 거의 없었다. 하지만 그로부터 6년 뒤인 2019년, 창 교수는 대뇌 브로카 영역이 아닌 조음기관의 운동영역에서 측정한 피질전도를 이용해 초보적인 형태의 언어 BCI를 구현해 내는 데 성공했다.

사람이 말을 할 때는 다양한 조음기관이 복잡하게 운동한다. 그런데 조음기관을 실제로 움직이지 않고, 말하는 것처럼 입이나 혀를 움직이는 상상만 하더라도 각 조음기관에 해당하는 운동영역이 특정한 패턴으로 활동한다. 따라서 굳이 브로카 영역에서 신호를 읽지 않더라도 운동영역의 피질전도 신호를 통해 음성을 합성하는 것이 가능하다. 그런데 창 교수가 언어 BCI를 구현하기까지 무려 6년이라는 긴 시간이 걸린 이유는 무엇이었을까?

그 이유는 단순하다. 2013년 당시에는 피질전도를 분석해 음성을 합성할 수 있는 기술이 없었기 때문이다. 2010년대 중반부터 급속도로 발전한 인공지능 기술이 없었다면, 언어 BCI의 구현도 아마 불가능했을 것이다. 창 교수는 딥 러닝 알고리즘 가운데 하나인 합성곱신경망으로 피질전도를 해석해서 혀나 턱과 같은 조음기관의 움직임을 예측했고, 이렇게 조음기관의 움직임이 예측되면 또 다른 합성곱신경망으로 음성신호를 합성했다. 이와 같은 2단계 딥 러닝 구조를 통해 뇌전증 환자가 주어진 문장을 말할 때 측정되는 피질전도 신호로부터 실제와 거의 유사한 음성을 합성해 내는 데 성공한 것이다. 하지만 아직까지는 같은 문장을 속으로 말할 때 측정되는 피질전도 신호로부터 알아들을 수 있는 수준의 음성이 합성되지는 않는다. 뇌공학자들은 뇌 신호를 보다 정밀하게 측정하면 상상한 말을 음성으로 합성하는 것도 충분히 가능하다고 내다본다. 뉴럴링크의 정밀한 뇌 신호 측정 기술이 언어 BCI에 적용되었을 때 우리의 입을 통하지 않고도 생각만으로 의사소통하는 것이 가능해질지도 모른다는 말이다.

창 교수의 2019년 《네이처》 논문은 언어학자(1 저자), 인공지능공학자(2 저자), 신경외사 의사(3 저자)에 의해 집필되었는데, 이는 언어 BCI의 구현에 서로 다른 분야 간의 협업이 중요하다는 사실을 극명하게 보여준다. 현재는 세계 곳곳에서 영어뿐만 아니라 다양한 언어로도 언어 BCI를 구현하기 위한 연구가 진행되고 있다. 우리나라도 예외는 아니다. 우리 연구팀을 포함한 국내 여러 대학과 병원이 힘을 모아 한국어 버전의 언어 BCI를 구현하기 위한 연구가 2022년에 시작되었다. 우리말은 영어와 달리 조사가 반복적으로 등장하고 조음기관의 움직임이 유사한 단어가 많아 영어보다 언어 BCI의 구현이 어려울 것으로 예상되기는 하지만, 이미 창 교수의 연구팀보다 적은 훈련 데이터와 적은 피질전도 전극으로도 자주 사용하는 단어들을 합성해 내는 데 성공했기 때문에, 머지않아 창 교수 연구팀을 비롯한 전 세계 BCI 연구자들과 동등한 위치에서 경쟁할 수 있으리라고 기대한다. 이미 우리 연구팀은 창 교수 연구팀에서 사용된 인공지능 알고리즘보다 한층 발전된 알고리즘을 적용함으로써 제한된 환경에서도 보다 우수한 음성 합성 결과를 얻어내고 있다. 앞으로 인공지능 기술이 크게 발전한다면, 여러 BCI 연구자들이 실패했던 브로카 영역에서의 언어 읽기도 곧 가능해지지 않을까?

언어 BCI를 비롯한 최신 뇌-컴퓨터 인터페이스 기술은 가까운 미래에 장애인들에게 적용되어 잃어버린 의사소통 능력을 되찾아 줄 것으로 여겨진다. 지금까지 소개한 기술들 말고도 뇌전증 환자의 뇌파를 실시간으로 분석해 발작을 예측하고 전기 자극을 가함으로써 발작이 일어나지 않도록 하는 기술이나, 뇌파로부터 중독 환자의 갈망 정도를 알아내 치료 콘텐츠의 난이도를 바꾸어 주는 기술 등이 개발되고 있다. 이와 같은 첨단 뇌-컴퓨터 인터페이스 기술은 장애와 질병으로 고통받는 수많은 이들에게 희망의 빛을 선사할 것임에 틀림없다.

하지만 뇌-컴퓨터 인터페이스에 대한 장밋빛 전망만 있는 것은 아니다. 일론 머스크의 뉴럴링크를 다룬 기사의 댓글에는 어김없이 뇌-컴퓨터 인터페이스 기술이 불러올지도 모를 파국적인 미래에 대한 경고의 글들이 넘쳐난다. 뇌-컴퓨터 인터페이스를 포함하는 뇌공학 기술의 어두운 측면을 가장 잘 보여주는 사례는 뇌 전기 자극을 통한 '신종 마약'의 출현 가능성이다.

## 두개골 안의 행복

우리는 언제 행복을 느낄까? 대다수 사람들은 밤을 지새우며 공부해 원하는 성적을 얻었을 때나 각고의 노력 끝에 회사에서 인정받고 승진했을 때 만족감이나 성취감이라는 이름의 행복을 느낀다. 그런가 하면 잊을 수 없을 정도로 맛있는 음식을 먹을 때, 격렬한 운동을 마치고 시원한 스포츠음료를 마실 때, 좋은 친구들과 술 한잔 기울일 때도 행복감을 느낀다. 하지만 뇌과학적으로 보면, 이 두 가지 범주의 행복은 분명 다르다.

두 가지 행복감 모두 뇌의 보상중추인 측좌핵nucleus accumbens의 활성화와 그에 따른 도파민의 분비에 따른 것이라는 공통점을 갖는다. 하지만 전자의 경우와 달리 후자의 행복감은 식욕, 갈증, 성욕 등을 해결함으로써 느껴지는 보다 원초적인 쾌감에 가깝고, 만족감이나 성취감에 비해 지속적이지는 않지만 일반적으로 더 강렬하다는 특징을 갖는다. 하지만 뇌과학적으로 이 둘의 근본적인 차이는 만족감이나 성취감과 달리 쾌감이 우리 뇌를 직접 자극함으로써 유도할 수 있는 감정이라는 데 있다.

우리 뇌에 질환이 생기면 대체로 수술이나 약물로 치료한다. 그런데 퇴행성 뇌 질환의 일종인 파킨슨병 환자들 중에는 약물로 증상이 개선되지 않는 경우도 많다. 이런 환자를 대상으로 '심부뇌자극deep brain stimulation, DBS'이라고 불리는 장치가 머릿속에 이식되고 있다. 이 장치는 뇌의 깊은 곳에 가늘고 긴 바늘을 찔러 넣고 펄스 형태의 전류를 흘려보내 뇌 활동을 조절한다. 이미 미국 식품의약품안전처의 승인을 받고 사람의 뇌에 이식되기 시작한 지도 30년이 넘은, 오랜 역사를 자랑하는 의료 기기다. 뇌 속에 전자 장치를 삽입하는 것에 대해 거부감이 들 수도 있지만, 의외로 많은 환자들이 심부뇌자극 장치를 머릿속에 삽입하는 수술을 받는다. 심부뇌자극 장치는 전 세계적으로 10만 명이 넘는 이들의 머릿속에 이식되었고, 우리나라에서도 이미 적지 않은 이식 수술이 진행되고 있다. 특히 파킨슨병의 경우에는 뇌에 전기 자극을 가하는 동안 손의 떨림이 멈추고 걸음걸이도 정상으로 돌아오는 극적인 효과가 관찰되기도 한다.

파킨슨병은 뇌의 깊은 곳에 자리 잡고 있는 흑질substantia nigra이라는 영역의 도파민 뉴런이 손상되어 도파민이 잘 분비되지 않는 장애와 관련 있다. 심부뇌자극 장치는 이 부위에 전기 자극을 가해 인위적으로 도파민 생성을 유도한다. 그런데 이 긴 바늘처럼 생긴 전극을, 자극하고자 하는 뇌의 위치에 정확하게 집어넣는 것이 보통 어려운 일이 아니다. 그렇다고 이 전극을 몇 번이나 머릿속에 넣었다 빼기를 반복할 수도 없는 노릇이다. 그런데 신기하게도 우리 몸의 모든 감각 정보를 수용하는 뇌 자체에는 정작 통각수용기가 없어서 통증을 느끼지 못한다. 대부분의 뇌 수술이 국소마취만 한 상태에서도 진행할 수 있는 이유도 이 때문이다. 뇌 수술을 하는 도중 언어 영역이나 운동영역과 같은 중요 영역을 잘못 건드릴 수도 있는데, 이런 뇌 부위를 아주 조심스럽게 자극하면서 언어 기능이나 운동 기능이 달라지는지를 관찰하기도 한다.

이렇게 깨어 있는 상태에서도 뇌 수술이 가능하기에, 긴 바늘 형태의 전극을 머릿속에 집어넣고 여러 전기 자극을 가해보면서 파킨슨 환자의 증상이 좋아지는 자극 깊이나 위치를 찾아낼 수도 있다. 초기 심부뇌자극 수술을 시행하던 신경외과 의사들은 이 과정에서 아주 흥미로운 현상을 발견했는데, 흑질 부근의 특정한 뇌 영역을 자극했을 때 환자들이 갑작스레 이유 없이 행복한 미소를 지었던 것이다. 어떤 환자는 심지어 소리 내어 웃음을 터뜨리기도 했다. 자신의 머리를 열고 뇌 수술이 진행되는 동안에 말이다. 나중에 알게 된 사실이지만, 그 특정한 뇌 영역이 다름 아닌 보상중추의 핵심 부위인 측좌핵이었다.

뇌 자극에 의해 뇌의 보상회로가 활성화된다는 사실은 1950년대 캐나다 맥길대학교의 신경과학자인 제임스 올즈James Olds의 실험을 통해 잘 알려지게 되었다. 올즈 교수는 상자에 들어 있는 쥐가 레버를 누를 때마다 뇌의 보상회로에 전기 자극이 가해지도록 했다. 그러자 놀랍게도 쥐들은 먹거나 자는 것도 잊어버린 채 쉬지 않고 레버를 눌러댔다. 심지어 레버를 수백 만 번 누르다가 쓰러져 죽은 쥐도 생겨났다. 먹거나 자는 것도 잊을 정도로 강력한 쾌감을 느끼게 되자 도저히 멈출 수 없게 된 것이다. 이 과정에서 도파민이 중요한 작용을 한다는 것은 그 후에 알려진 사실인데, 측좌핵에서 분비되는 도파민의 양을 강제로 줄이거나 신호 전달을 차단해 버리면 레버를 눌러 보상 받도록 훈련받은 동물들도 레버 누르기를 멈춘다.

2012년, 존스홉킨스대학교의 저명한 정신과학자 토머스 슐래퍼Thomas Schlaepfer 박사는 우울증 환자들의 측좌핵에 심부뇌자극을 가한 연구 결과를 발표했다. 이 영역을 자극할 때 자극 전류의 강도를 점차 높여가면서 자극하면, 기분이 좋아지는 정도에서 시작한 만족감이 나중에는 행복감을 넘어 쾌락에 가까운 감정을 느낀다는 사실을 보고했다. 뇌를 직접 자극하지 않더라도 여러 가지 중독에 빠진 사람들은 중독 대상에 노출되거나 중독 관련 행동을 할 때 측좌핵이 활동하고 많은 양의 도파민이 분비되는데, 이는 알코올 중독, 약물 중독, 쇼핑 중독 등 중독 대상을 가리지 않고 공통적으로 관찰되는 현상이다. 그런데 이런 외부 자극 없이도 심부뇌자극을 통해 이 영역에 직접 전류를 흘려 뇌를 자극해 주면 마치 중독 대상이 주어진 것처럼 도파민이 분비되고 쾌감을 느끼는 것이 가능하다는 이야기다.

토머스 슐래퍼 박사 연구팀은 한 신경과학 학술지에 '얼마나 행복한 것이 아주 행복한 것인가? 행복감, 신경윤리, 그리고 측좌핵의 심부뇌자극How Happy Is Too Happy? Euphoria, Neuroethics, and Deep Brain Stimulation of the Nucleus Accumbens'이라는 제목의 논문을 발표했다. 이 논문에서 저자들은 중요한 윤리적 질문을 던진다. "행복이라는 것이 버튼을 한 번 누르는 것만으로도 쉽게 얻어진다면 이는 과연 윤리적으로 문제가 없을까?" 또한 "행복감을 만들어내는 심부뇌자극 기술이 정신질환 환자가 아니라 일반인에게도 쓰인다면 예상치 못한 사회문제가 생기지는 않을까?" 저자들은 사람들이 그저 순수하게 자신의 기분을 좋게 만들기 위해 이 기술을 사용하는 미래가 올지도 모른다고 예측했다. 그들은 뇌를 자극하는 방법으로 자신의 행복감을 높이는 것이 비윤리적이지는 않다고 주장했다. 다만 행복의 '적절한 수준'이 어느 정도인지, 그리고 행복의 수준을 너무 높일 경우 어떤 위험이 따를지는 한번 따져볼 문제라고 덧붙였다.

이들의 주장에 동의하는가? 나는 중증 우울증을 비롯한 정신질환의 치료를 위해 심부뇌자극 장치를 사용하는 것이 아니라 보통의 사람이 단지 행복감을 얻기 위해 뇌에 기계장치를 삽입하는 것은 윤리적으로 문제가 있다고 생각한다. 조금 더 근본적인 질문을 던져보자. 우리 인간은 왜 쾌락이나 행복감을 느끼는 것일까? 우리 뇌에는 왜 보상회로라는 것이 있어서 원하는 것을 얻었을 때 성취감과 행복감을 느끼도록 설계되어 있는 것일까? 쾌락이라는 것은 우리 뇌가 우리에게 주는 일종의 '상award'이다.

식욕이나 성욕을 해소함으로써 생존이나 종족 번식에 기여했다는 것을 보상하기 위해 우리의 유전자가 우리 뇌에 심어놓은 일종의 프로그램인 셈이다. 그런데 우리가 몸 밖의 스위치를 눌러 우리 뇌가 주는 상을 스스로 만들어 낸다면, 먹고 자는 것을 잊은 채로 1시간에 7,000번씩이나 레버를 눌러댄, 올즈 교수의 쥐들과 우리가 다른 점이 무엇인가?

뇌에 전기 자극을 가함으로써 쾌락을 느끼는 방법 이외에도, 앞서 언급한 것처럼 식욕이나 성욕을 해소함으로써 그리고 알코올이나 카페인 등에 의존함으로써 보상중추를 자극하는 것도 가능하다. 물론 이렇게 얻어진 쾌감까지도 바람직하지 않은 감정이라고 생각하지는 않는다. 다만 쉽게 얻을 수 있는 짧고 강렬한 행복감에 지나치게 길들여지면, 그보다 약한 강도의 행복감들, 예컨대 귀여운 아이의 재롱을 보며 즐거워하고 아름다운 자연을 보며 경탄하고 다른 이들을 도우며 보람을 느끼는 일들이 사소하고 하찮은 일처럼 느껴지게 되지 않을까 걱정될 따름이다. 어떤 행복감이 더 나은 행복감인지에 대해 결론 내리기는 쉽지 않지만, 우리 인간은 식음을 전폐하고 수백만 번 레버를 눌러댄 쥐들과는 분명 다르다. 인간은 전전두엽이 만들어 내는 '이성의 힘'을 통해 쾌락에만 집착하는 본성을 통제할 수 있도록 진화했기 때문이다. 덩치도 힘도 보잘 것 없었던 호모 사피엔스가 만물의 영장이 될 수 있었던 비결은 우리 뇌가 무분별한 쾌락을 절제할 수 있는 '이성'의 힘을 가지고 있기 때문이 아닐까?

뇌공학 기술이 '신종 마약'으로 활용되는 일이 없도록 철저한 감시와 규제가 필요한 시점이다.

## 인공적인 진화, 그리고 트랜스휴먼

'트랜스휴먼transhuman'이란 영국의 저명한 생물학자인 줄리언 헉슬리 경Sir Julian Huxley의 1975년 저서에서 최초로 언급된 용어로서 과학기술의 도움으로 정신적 혹은 신체적 능력을 향상시킨 인간을 가리킨다. 뇌공학 기술은 질병이나 사고로 인해 신체 기능의 일부 또는 전부를 상실한 이들을 위한 기술로 연구되고 있지만, 일반인들에게 적용되어 정신적 능력을 증강해 트랜스휴먼으로 진화하기 위한 도구로 활용될 가능성이 있다.

예를 들어보자. 일반인이 미세 전극을 시각피질에 이식한 채로 뇌를 자극하면, 눈을 감고도 넷플릭스 영화를 본다든지 상대의 얼굴을 보며 통화하는 것이 가능하다. 청각피질에 뉴럴링크를 삽입하면, 멀리서 들리는 작은 소리를 증폭해서 듣거나 이어폰을 착용하지 않고도 라디오를 청취하는 것이 가능할 것이다. SF 영화 속 장면처럼 아무 장치도 없이 멀리 떨어진 누군가와 이야기를 주고받는 것도 가능할 것이다. 한편 스포츠에 뇌자극 기술이 도입되면, 인위적으로 집중도나 균형 감각을 높이거나 피로에 대한 저항성을 높여 경기력을 향상시킬 수 있을 것이다. 놀라운 사실은 이미 이러한 기술들에 대한 초기 연구가 대부분

완료된 상황이라는 것이다.

우리 뇌에 브레인 칩을 삽입한다면, 수학 문제를 풀 때 대뇌 두정엽parietal lobe에 삽입된 칩에 전류를 흘려보내 수학 계산 능력을 일시적으로 향상시킬 수도 있다. 영어 시험을 치를 때는 언어 이해 영역인 좌측 베르니케 영역에 이식된 브레인 칩에 자극 전류를 흘려보냄으로써 독해 능력을 향상시킬 수 있을 것이다. 암기 과목을 공부할 때는 좌측 배측전전두피질left dorsolateral prefrontal cortex 영역의 활성도를 높이면 암기력이 향상되는 효과를 기대할 수 있다. 놀랍게도, 이러한 기술들은 (윤리적 문제만 차치한다면) 불과 수년 내에도 우리에게 적용할 수 있을 정도로 이미 성숙한 상태다.

이러한 인지 증강 기술이 대중화된다면, 먼저 대학 입시나 국가고시에서 인지능력을 향상한 이들과 그렇지 않은 이들 사이에 격차가 발생할 것이고, 사회 여러 곳에서 불만의 목소리도 터져 나올 것이다. 또한 인지 증강 기술을 몇몇 국가만이 독점한다면, 선진국과 후진국 사이의 빈부 격차가 심화되고 전 지구적으로 불공정이 확산될 것이다. 그러다 보면 머지않아 자신의 의지와 관련 없이 단지 사회에서 경쟁하기 위해, 더 좋은 직장을 가지기 위해 두개골을 열고 머릿속에 브레인 칩을 삽입하는 이들도 생겨날 것이다.

조금 더 구체적으로 미래를 상상해 보자. 뇌에 이식한 브레인 칩의 성능이 회사에 따라 다르다면, 그 사람의 노력에 관계없이 삼성 칩을 쓰는지 애플 칩을 쓰는지에 따라 개인의 능력이 결정될 수도 있을 것이다. 새로운 브레인 칩이 출시되면 너나 할 것 없이 재수술을 받으려고 할 테고, 신경외과 의사보다 오히려 바이오닉스 기술자가 더 대접을 받는 상황이 올 것이다. 그런가 하면 새로운 브레인 칩이 출시될 때마다 스마트폰을 교체하듯이 손쉽게 새로운 칩으로 교체할 수 있도록 메모리 슬롯 같은 것을 머리에 뚫고 다니는 이들도 생겨날 것이다.

한편 머릿속의 정보를 컴퓨터에 업로드하거나 컴퓨터의 정보를 머릿속에 다운로드하는 과정에서 해커들이 개입할 가능성도 있다. 이미 '뉴로해킹neuro-hacking'이라는 용어가 있을 정도로 미래에는 심각한 문제로 대두될 수 있다. 머릿속에 삽입한 전자 부품이 외부에서 가해지는 강력한 전자기파에 취약하다는 점도 해결해야 할 문제다. 일부 국가들에서 개발 중인 전자기펄스 충격파EMP Shockwave 무기가 사용되기라도 한다면, 머릿속에 이식한 브레인 칩은 일순간에 먹통이 될 수 있다. 이뿐만이 아니다. 우리가 뇌에 대해 아직 완전히 알지 못하는 상황에서 뇌를 자극함으로 인해 정신질환이 발생한다거나 뇌의 노화가 빨라지는 예상치 못한 부작용이 발생할 가능성도 있다.

그렇다면 과연 인위적으로 인간의 정신적 능력을 향상시키는 것이 인류의 행복을 위해 바람직한 것일까? 나는 뇌-컴퓨터 인터페이스 기술이 장애와 질환으로 고통받는 이들의 삶의 질을 높여주는 것 이외의 용도로 활용되는 것에 반대하며, 기술의 오용을 막아야 한다는 입장이다. 그럼에도 역사의 흐름은 늘 이상적인 시나리오대로 진행되지는 않기에, 항상 최악의 상황을 가정해 볼 필요가 있다. 다음은 나를 비롯한 뇌공학자들이나 뇌과학자들, 그리고 미래학자들이 예측하는 시나리오 중 일부다.

### 1. 개인 노동생산성의 증가와 인공지능과의 경쟁 구도 본격화

일론 머스크는 인류가 인공지능과 맞서 싸울 수 있는 유일한 방법은 인간의 뇌가 인공지능과 결합해 보다 스마트한 인간이 되는 방법밖에는 없다고 주장했다. 이른바 '초지능hyper-intelligence'이라고 불리는, 인지 증강 기술은 해외뿐만 아니라 국내에서도 중요한 연구개발 주제로 다루어지고 있다. 실제로 우리나라에서도 '휴먼플러스human plus'라는 이름의 연구 프로젝트를 공모해 연구비를 투자하고 있다. 이 프로젝트는 인간의 신체적, 정신적 능력을 증강하는 기술의 개발을 목표로 하는데 다수의 인지 증강 기술이 이 프로젝트의 지원을 받아 개발되고 있다. 이처럼 초지능 기술의 구현을 통해 개인의 노동생산성이 향상되고 고령자의 은퇴 시기가 늦추어지면 산업 전반에도 큰 변화가 일어날 것이다.

### 2. 인지능력 증강에 따른 사회구조의 변화 발생

인위적인 방법으로 인지능력을 증강하는 것이 가능해지면, 정신적으로 강화된 이들과 그렇지 않은 시민들 사이에 능력의 격차가 발생할 수밖에 없다. 극단적인 시나리오이지만 능력이 강화된 이들이 능력이 강화되지 않은 이들보다 상대적으로 우월한 사회적 지위를 차지하는, 대대적인 사회구조의 변화가 발생할 가능성도 있다.

## 3. 뇌공학으로 인한 새로운 산업의 탄생

뇌공학 기술이 발전함에 따라 새로운 산업이 다수 생겨날 것으로 예상된다. 대표적으로 언급되는 산업으로는 기억 삭제 서비스, 인지 증폭intelligence amplification 서비스 등이 있으며, 뇌공학 기술과 가상현실 기술이 접목되어 현실감을 극대화한 '완전 몰입형 가상현실 서비스'가 구현될 것으로 예상된다.

## 4. 뇌공학 기술의 고도화로 인한 다양한 부작용 발생 가능

브레인 칩과 같은 뇌 내 삽입형 마이크로칩이 보편화되어 인간의 인지능력 향상이 가능해진다면, 일부 직종에서는 업무 효율을 높이기 위해 직원에게 마이크로칩 이식을 강제할 가능성이 있다. 이러한 상황이 도래한다면 생계를 유지하기 위해 어쩔 수 없이 두개골을 열고 브레인 칩을 이식하는 수술을 받는 이들이 생겨날 수 있다. 이처럼 원치 않는 사이보그화가 진행되면 엄청난 사회적 반발이 생겨날 것임이 분명하다. 아직 먼 미래의 일이지만 전자두뇌가 실제로 구현되어 인간에게 이식되는 단계에 다다르면, 인간의 능력이 타고난 지적 능력이나 후천적인 노력에 의해서가 아니라 뇌에 삽입한 전자 두뇌의 성능에 의해 크게 좌우될 것이다. 결국 모든 이들이 경쟁에서 살아남기 위해 뇌에 브레인 칩을 삽입하는 극단적인 시나리오가 실현된다면, 인간 능력의 평등화와 다양성의 저해로 인해 자본주의의 근간마저 흔들릴 것이다.

물론 앞서 제시한 4번 시나리오는 현재의 뇌공학 기술 수준만을 놓고 볼 때 과장된 면이 없지 않다. 하지만 1번부터 3번까지의 시나리오는 불과 한두 세대만 지나더라도 충분히 실현될 가능성이 있기에 지금부터라도 관심을 가질 필요가 있다.

2017년 무렵, 나는 트랜스휴먼 시대의 도래가 미래 사회나 경제에 어떤 영향을 끼칠 것인지를 예측하는 전문가 포럼에 참석한 적이 있다. 포럼 참석자 8명 가운데 나는 유일한 뇌공학자였는데, 놀랍게도 나를 제외한 모든 참가자가 뇌공학 기술은 인지증강과 트랜스휴먼 기술로 악용될 가능성이 있기에 개발을 멈추어야 한다고 주장했다. 이는 마치 인공지능 기술이 인명 살상용 로봇에 적용될 가능성이 있기에 인공지능 기술의 개발을 멈추어야 한다는 논리와 크게 다르지 않다. 당시 다양한 분야 전문가들을 상대로 뇌공학 연구의 당위성을 설득하느라 진땀을 뺀 기억이 있는데, 어떤 기술이라도 부정적인 측면이 지나치게 부각되면 충분히 일어날 수 있는 일이라고 생각된다. 나는 어떤 기술이 긍정적인 측면을 가지고 있다면 부작용의 가능성이 있다고 해서 기술 자체의 개발을 막아서는 안 된다고 생각하며, 기술 개발 전에 충분한 논의를 통해 부작용을 예방할 수 있는 사회적인 안전망을 구축해야 한다고 생각한다. 특히나 뇌-컴퓨터 인터페이스를 포함한 뇌공학 기술은 장애나 뇌 질환을 가진 이들로 하여금 삶의 질을 향상시키고 다시 보통의 삶으로 복귀하는 것을 돕기 위해 개발되고 있기 때문에 더욱 그러하다. 이 기술이 단순히 생활의 편의나 생산성의 향상을 위한 것이 아니라 누군가에게는 한 줄기 마지막 희망의 빛이나 다름없는 기술이라는 점을 절대 잊어서는 안 된다.

오히려 침습형 뇌-컴퓨터 인터페이스를 비롯한 많은 기술들이 미국이나 유럽과 같은 선진국에 의해 주도적으로 개발되고 있는 점은 매우 우려되는 부분이다. 우리만의 독자적인 기술 개발 없이 현재의 상황이 지속되기만 한다면, 우리나라는 뉴럴링크와 같은 플랫폼 기업의 앱 개발자 역할에 머물 수밖에 없다. 우리가 전진하지 않고 멈추어 있는 동안 기술 격차는 계속 벌어지고 있다. 인류의 미래를 송두리째 바꾸어 놓을 이 거대한 흐름에서 자칫 방관자로 남을 수 있는 것이다. 우리가 기술을 통제할 능력도 갖추고 있지 않는데 기술 개발 여부를 논의한다는 것 자체가 난센스일지도 모른다. 지금이라도 늦지 않게 이 흐름에 올라타도록 사회 전반의 관심이 필요한 시점이다.

앞서 언급한 것처럼, 미국 FDA를 비롯한 각국 정부 기관에서는 이식형 뇌-컴퓨터 인터페이스 기술이 일반인을 대상으로 적용되는 것을 결코 허용하지 않을 것이다. 하지만 비밀리에 운영되는 사설 브레인 칩 이식 업체가 생겨난다거나 세계 질서의 흐름에 반하는 국가나 단체가 '슈퍼 솔저'를 만들기 위해 브레인 칩을 이용하는 시나리오도 충분히 생각해 볼 수 있다. 그런가 하면 일반인이 환자 행세를 하며 브레인 칩을 이식받거나 신경외과 의사와 모의해 차트를 조작하고 스스로를 브레인 칩 이식이 가능한 환자로 둔갑시키는 신종 범죄가 발생할 가능성도 없지 않다.

이처럼 예기치 못한 상황들을 미연에 방지하기 위해서는 뇌공학 연구자뿐만 아니라 인문학자, 경제학자 등 다양한 분야의 전문가들이 머리를 맞대고 대응책 마련에 고심해야 한다. 또한 뇌공학의 발전이 야기할지 모르는 다양한 부작용과 윤리적인 문제를 해결하기 위해, 철학이나 사회학 분야의 인문학자들과 정책 입안자들이 참여하는 신경윤리 연구가 장려되어야 한다. 역사를 돌이켜 보면, 인류를 위해 개발된 기술이 인류를 위협하는 기술로 악용된 사례가 무수히 많다. 과거의 잘못을 반복하지 않도록 우리 인류의 현명한 선택과 노력이 필요하다.

지금까지 우리 인류의 미래상을 완전히 바꾸어 놓을 엄청난 파괴력을 지닌 뇌-컴퓨터 인터페이스 기술의 과거, 현재, 미래에 대해 살펴보았다. 책을 읽기 전에는 생소했을 이 분야에 대한 여정이 그리 순탄하지만은 않았을 것이다. 하지만 이 책을 통해 이 거대한 역사의 흐름을 이해하고 관심을 가지게 되었다면, 그리고 이 분야가 더 많은 사람들의 관심을 필요로 하는 분야라는 사실을 알게 되었다면 그것만으로도 이 책의 소임을 다한 것이라고 생각한다. 뇌와 인공지능에 큰 관심을 보인 것으로 유명한, 20세기 최고의 이론물리학자 스티븐 호킹 박사가 남긴 말을 인용하며 이 책을 마무리하고자 한다.

"우리는 인공지능이 인간 지능에 대항하는 것이 아니라 오히려 인간 지능에 기여하도록 뇌와 컴퓨터 사이를 직접적으로 연결하는 기술을 최대한 빨리 개발해야 한다."

# 에필로그

2001년, 박사과정 1년 차였던 나는 전자기파 통신에 사용되는 안테나의 핵심 부품을 설계하는 연구를 진행하고 있었다. 설계가 마음먹은 대로 되지 않자 머리를 식힐 겸 인터넷 서핑을 하다가 우연찮게 미국전기전자공학회에서 발간하는 《신호처리 잡지Signal Processing Magazine》 11월 호를 접하게 되었다. 「전자기 뇌 매핑Electromagnetic Brain Mapping」이라는 타이틀의 기사 첫 면에는 돋보기를 들고 사람의 뇌를 들여다보는 일러스트 하나가 삽입되어 있었다. 왜 그랬는지는 잘 모르겠지만, 나는 알 수 없는 이 끌림에 그 기사를 천천히 읽어나가기 시작했다. 생소한 용어들로 인해 완전히 이해하기는 어려웠지만, 석사과정 때부터 공부한 전자기학과 최적화 기술이 인간의 뇌를 관찰하기 위한 수단으로 쓰일 수 있다는 사실이 나에게 큰 충격으로 다가왔다. 바로 다음 날 나는 지도교수님을 찾아가 인간의 뇌를 연구해 보고 싶은데 1년만 시간을 주실 수 있는지 여쭈었는데, 당시 지도교수님의 말씀이 아직도 기억에 생생하다.

"국내에서는 그 분야를 연구하는 사람이 아무도 없다는데 혼자서 잘 해낼 수 있겠어요? 그런 분야를 잘못 건드리면 밥을 굶을 수도 있어요."

2000년경, 전기전자공학 분야에서 가장 뜨거웠던 분야는 단연코 무선통신이었다. IT 열풍을 타고 핸드폰이 고등학생들에게까지 보급되었고, '빨리빨리'에 열광하는 대한민국은 전 세계 최첨단 통신 기술의 각축장이 되어가고 있었다. 현재까지도 운영되고 있는, 무선통신 기술자 커뮤니티인 'RFDH<sup>RF Design House</sup>'라는 사이트에서만 2만 명이 넘는 가입자가 활동할 정도였다 (현재는 회원수가 10만 명을 돌파했다). 모두가 연구하고자 했던 무선통신의 핵심 기술을 연구하던 내가 갑자기 인간의 뇌를 연구하겠다고 하니, 지도교수님과 주변 동료들은 내가 안타깝기도 하고 나의 미래가 크게 걱정도 되었을 것이다.

나에게는 그저 인간의 뇌를 연구하는 것이 재미있겠다는 단순한 생각밖에 없었다. 그리고 무슨 연유에서였는지, 내가 정말 잘 해낼 수 있을 것 같다는 막연한 자신감이 솟아나고 있었다. 솔직히 말해, RFDH에서 활동하던 2만 명 가운데 1등을 하는 것보다도 새로운 분야를 개척해서 1등을 유지하는 것이 더 쉽겠다는 생각도 아예 없었던 것은 아니다.

하지만 독학으로 새로운 분야의 연구를 시작한다는 것이 생각처럼 쉽지만은 않았다. 연구실에서 수많은 밤을 지새우며 연구에 열중했지만, 십수 년의 기술 격차를 줄이고 스스로의 힘으로 국제 학술지에 논문을 게재한 것은 지도교수님과 약속한 시간으로부터 다시 1년이 지난 뒤였다. 밤새 수많은 논문들을 읽으며 생소한 용어나 개념과 씨름하는 고통스러운 순간들을 보내면서, 나는 문득 뇌공학 분야에 처음 입문하는 이들을 위한 잘 정리된 가이드북이 있다면 얼마나 좋을까 하는 생각을 갖게 되었다. 그리고 언젠가는 직접 그런 가이드북을 써보겠노라는 다짐도 했다.

이후 20년이라는 시간이 흘렀고, 이제는 뇌를 연구하기 위한 공학적인 방법이나 뇌와 컴퓨터를 연결하는 기술을 개발하는 뇌공학은 더 이상 한두 명의 외로운 연구자들이 연구하는 분야가 아니다. 우리나라에서 가장 큰 의공학 분야 학회인 대한의용생체공학회 학술대회에는 이미 뇌공학 분야의 논문이 전체 논문 중 10퍼센트 이상을 차지하고 있다. 고령화 시대가 도래하며 인류가 극복해야 하는 가장 중요한 문제로 떠오르고 있는 치매를 비롯한 각종 뇌 질환을 해결하기 위해서, 뇌를 모방한 새로운 인공지능을 개발하기 위해서, 그리고 인간의 뇌와 컴퓨터를 연결해 인간의 지능을 확장하기 위해서, 이제 인간의 뇌를 연구하는 것은 선택이 아닌 필수가 되었다. 그리고 메타, 아마존, 테슬라가 뛰어들어 경쟁을 벌이고 있는 뇌공학 분야는 더 이상 밤을 굶는 분야도 아니다!

이처럼 지난 20년간 뇌공학 분야는 많은 발전을 거듭했지만 여전히 뇌는 어렵다. 여러분에게만 그런 것이 아니라 나에게도 그렇다. 뇌공학에 관심이 있지만 어디서부터 시작해야 할지 모르는 후학들을 위해, 평소 뇌에 관심이 많은 중고등학생들을 위해, 그리고 시대의 흐름을 읽고 '인사이트'를 얻고자 하는 일반인들을 위해 집필 활동을 시작한 지도 어느 덧 10여 년이 지났다. 그간 뇌공학과 뇌과학 관련 교양서를 몇 권 출간하면서 언젠가는 뇌-컴퓨터 인터페이스의 역사와 개념을 집대성한 책을 집필하겠노라 마음먹고 있었지만, 늘 산적해 있는 프로젝트와 연구에 대한 압박에 쉽게 펜을 들지 못했다. 그러던 2023년, 마감일이 있어야만 일에 집중하는 나의 습성상, 일단 저지르고 보자는 생각에 절반도 쓰지 않은 책에 대한 출판 계약을 덜컥 맺어버렸다. 돌이켜 보면 당시의 결정으로 인해 인생에서 가장 바쁜 몇 달을 보내게 되었지만, 그래도 결과적으로 나의 버킷 리스트 하나를 지울 수 있게 되어 너무나 행복하다.

이 책이 과연 20여 년 전의 어느 공대생의 다짐대로 뇌-컴퓨터 인터페이스 분야에 대한 충분한 가이드북이 되어줄지는 모르겠지만, 적어도 독자 여러분으로 하여금 인류의 미래를 바꿀지도 모를 새로운 물결에 올라타도록 한다면 더할 나위 없이 기쁠 것이다. 20년 전 나의 인생을 송두리째 바꾼《신호처리 잡지》의 한 기사처럼 말이다.

마지막으로 절반도 채 되지 않는 원고를 보고도 출판 계약을 맺어주신 동아시아 출판사 한성봉 대표님과, 세련된 문장과 내용으로 멋진 편집을 해주신 이종석 편집자님께 감사의 말씀을 드린다. 그리고 책을 끝까지 읽어주신 독자들께도 깊은 감사를 드리며, 가까운 미래에 더욱 새롭고 흥미로운 내용으로 다시 찾아뵐 것을 약속드린다.

# 참고 문헌

Bagheri M & Power SD (2022) Simultaneous Classification of Both Mental Workload and Stress Level Suitable for an Online Passive Brain-Computer Interface. *Sensors* 22(2): 535.

Barros C, Pereira AR, Sampaio A, Buján A, & Pin D (2022) Frontal Alpha Asymmetry and Negative Mood: A Cross-Sectional Study in Older and Younger Adults. *Symmetry* 14(8): 1579; https://doi.org/10.3390/sym14081579.

Berger TW, Baudry M, Brinton RD, Liaw J-S, Marmarelis VZ, Park Y, Sheu BJ, & Tanguay Jr. AR (2001) Brain-implantable biomimetic electronics as the next era in neural prosthetics. *Proceedings of the IEEE* 89(7): 993-1012.

Berger TW, Hampson RE, Song D, Goonawardena A, Marmarelis VZ, & Deadwyler SA (2011) A cortical neural prosthesis for restoring and enhancing memory. *Journal of Neural Engineering* 8(4): 046017.

Birbaumer N, Elbert T, Canavan AGM, & Roch B. (1990) Slow potentials of the cerebral cortex and behavior. *Physiological Reviews* 70(1): 1–41.

Birbaumer N, et al. (1988) Slow Brain Potentials, Imagery, and Hemispheric Differences. *International Journal of Neuroscience* 39(1-2): 101-116.

Birbaumer N, et al. (1990) Slow Potentials of the Cerebral Cortex and Behavior. *Physiological Rev* 70(1): 1-41.

Birbaumer N, et al. (1992) Area-Specific Self-Regulation of Slow Cortical Potentials on the Sagittal Midline and Its Effects on Behavior. *Electroencephalography and Clinical Neurophysiology* 84(4): 353-361.

Birbaumer N, et al. (2000) The Thought Translation Device (TTD) for Completely Paralyzed Patients. *IEEE Transactions on Rehabilitation Engineering* 8(2): 190-193.

Chang WD, Cha HS, Kim DY, Kim SH, & Im CH (2017) Development of an Electrooculogram-Based Eye-Computer Interface for Communication of Individuals with Amyotrophic Lateral Sclerosis. *Journal of NeuroEngineering and Rehabilitation* 14: 1-13.

Chaudhary U, Xia B, Silvoni S, Cohen LG, & Birbaumer N. (2017) Brain–

computer interface–based communication in the completely locked-in state. *PLoS Biology* 15(1): e1002593.

Claudia Wustenhagen, Erforscher des Bosen, ZEIT Online, April 5th, 2011.

De Massari D, et al. (2013) Brain communication in the locked-in state. *Brain* 136(6): 1989–2000.

Han CH, Kim YW, Kim DY, Kim SH, Nenadic Z, & Im CH (2019) Electroencephalography-based Endogenous Brain-Computer Interface for Online Communication with a Completely Locked-In Patient. *Journal of NeuroEngineering and Rehabilitation* 16: 18.

Hare TA, Malmaud J, & Rangel A (2011) Focusing Attention on the Health Aspects of Foods Changes Value Signals in vmPFC and Improves Dietary Choice. *Journal of Neuroscience* 31(30): 11077-11087.

Hari R & Kujala MV (2009) Brain Basis of Human Social Interaction: From Concepts to Brain Imaging. *Physiological Reviews* 89(2): 453-479.

Kagan BJ, Kitchen AC, Tran NT, Habibollahi F, Khajehnejad M, Parker BJ, Bhat A, Rollo B, Razi A, & Friston KJ (2022) In vitro neurons learn and exhibit sentience when embodied in a simulated game-world. *Neuron* 110(23): 3952-3969.e8.

Kim H, Chae Y, Kim S, & Im CH (2023) Development of a Computer-Aided Education System Inspired by Face-to-Face Learning by Incorporating EEG-based Neurofeedback into Online Video Lectures. *IEEE Transactions on Learning Technologies* 16(1): 78-91.

Kim H, Kim L, Zhang D, & Im CH (2022) Classification of Individual's Discrete Emotions Reflected in Facial Microexpressions Using Electroencephalogram and Facial Electromyogram. *Expert Systems With Application* 188: 116101.

Kim H, Kim S, Kim H, Ji Y, & Im CH (2022) Modulation of Driver's Emotional States by Manipulating In-Vehicle Environment: Validation with Biosignals Recorded in an Actual Car Environment. *IEEE Transactions on Affecting Computing* 13(4): 1783-1792.

Knecht S, Deppe M, Dräger B, Bobe L, Lohmann H, Ringelstein E-B, & Henningsen H (2000) Language Lateralization in Healthy Right-Handers. *Brain* 123(1): 74–81.

Lee KR, Chang WD, Kim S, & Im CH (2017) Real-time "Eye-Writing" Recognition Using Electrooculogram. *IEEE Transactions on Neural Systems and Rehabilitation Engineering* 25(1): 37-48.

참고 문헌

Libet B, Gleason CA, Wright EW, & Pearl DK (1983) Time of Conscious Intention to Act in Relation to Onset of Cerebral Activity (Readiness-Potential) – The Unconscious Initiation of a Freely Voluntary Act. *Brain* 106(3): 623–642.

McIntyre RL & Fahy GM (2015) Aldehyde-Stabilized Cryopreservation. *Cryobiology* 71(3): 448-458.

Montague PR, Berns GS, Cohen JD, McClure SM, Pagnoni G, Dhamala M, Wiest MC, Karpov I, King RD, Apple N, & Fisher RE (2002) Hyperscanning: Simultaneous fMRI during Linked Social Interactions. *Neuroimage* 16(4): 1159-1164.

Musk E (2019) An Integrated Brain-Machine Interface Platform with Thousands of Channels. *bioRxiv*, doi: http://dx.doi.org/10.1101/703801.

Olds J & Milner P (1954) Positive reinforcement produced by electrical stimulation of septal area and other regions of rat brain. *Journal of Comparative and Physiological Psychology* 47(6): 419-427.

Parés PE, Kim YW, & Im CH, Haggard P (2019) Latent Awareness: Early Conscious Access to Motor Preparation Processes is Linked to the Readiness Potential. *NeuroImage* 202: 116140.

Park J, Lee S, Choi D, et al. (2023) Enhancement of dynamic visual acuity using transcranial alternating current stimulation with gamma burst entrained on alpha wave troughs. *Behavioral and Brain Functions* 19(1): 13.

Park S, Han CH, & Im CH (2020) Design of Wearable EEG Devices Specialized for Passive Brain–Computer Interface Applications. *Sensors* 20(16): 4572.

Ramakrishnan A, Ifft P, Pais-Vieira M, et al. (2015) Computing Arm Movements with a Monkey Brainet. *Scientific Reports* 5(1): 10767.

Rao RPN, Stocco A, Bryan M, Sarma D, Youngquist TM, Wu J, et al. (2014) A Direct Brain-to-Brain Interface in Humans. *PLoS ONE* 9(11): e111332.

Schirrmeister RT, Springenberg JT, Fiederer LDJ, Glasstetter M, Eggensperger K, Tangermann M, Hutter F, Burgard W, & Ball T (2017) Deep Learning with Convolutional Neural Networks for EEG Decoding and Visualization. *Human Brain Mapping* 38(11): 5391-5420.

Shibata K, et al. (2016) Differential Activation Patterns in the Same Brain Region Led to Opposite Emotional States. *PLoS Biology* 14(9): e1002546.

Simons P, Schenk SA, Gysel MA, Olbrich LF, & Rupp JLM (2022) A Ceramic-Electrolyte Glucose Fuel Cell for Implantable Electronics. *Advanced*

*Materials* 34: 2109075.

Stanley GB, Li FF, & Dan Y (1999) Reconstruction of Natural Scenes from Ensemble Responses in the Lateral Geniculate Nucleus. *Journal of Neuroscience* 19(18): 8036–8042.

Synofzik M, Schlaepfer TE, & Fins JJ (2012) How Happy Is Too Happy? Euphoria, Neuroethics, and Deep Brain Stimulation of the Nucleus Accumbens. *AJOB Neuroscience* 3(1): 30-36.

Taschereau-Dumouchel V, et al. (2018) Towards an Unconscious Neural Reinforcement Intervention for Common Fears. *Proceedings of the National Academy of Sciences* 115(13): 3470-3475.

Timothy Busbice, CElegans Neurorobotics, https://www.youtube.com/watch?time_continue=11&v=YWQnzylhgHc.

Tripp B & Eliasmith C (2007) Neural Populations Can Induce Reliable Postsynaptic Currents without Observable Spike Rate Changes or Precise Spike Timing. *Cerebral Cortex* 17(8): 1830–1840.

Vidal JJ. (1973) Toward Direct Brain-Computer Communication. *Annual Review of Biophysics and Bioengineering* 2(1): 157-180.

Vidal JJ. (1977) Real-Time Detection of Brain Events in EEG. *Proceedings of the IEEE*, 65(5): 633-641.

Wessberg J, Stambaugh CR, Kralik JD, Beck PD, Laubach M, Chapin JK, Kim J, Biggs SJ, Srinivasan MA, & Nicolelis MAL (2000) Real-time Prediction of Hand Trajectory by Ensembles of Cortical Neurons in Primates. *Nature* 408(6810): 361–365.

Wolpaw JR, Birbaumer N, McFarland DJ, Pfurtscheller G, & Vaughan, TM. (2002) Brain–computer interfaces for communication and control. *Clinical Neurophysiology* 113(6): 767–791.

Wolpaw JR, McFarland DJ, Neat GW, & Forneris CA. (1991) An EEG-based brain–computer interface for cursor control. *Electroencephalography and Clinical Neurophysiology* 78(3): 252–259.

임창환, 『뇌를 바꾼 공학, 공학을 바꾼 뇌』, MID, 2015.

임창환, 『바이오닉맨』, MID, 2017.

닐스 비르바우머, 외르크 치틀라우, 『뇌는 탄력적이다』, 메디치미디어, 2015.

메디팜헬스, 「한국인 평균 수면시간은 6.9시간… "수면의 양과 질 모두 불만족"」, 2023년 3월 16일.

# 뉴럴 링크

ⓒ임창환, 2024. Printed in Seoul, Korea

| | |
|---|---|
| 초판 1쇄 펴낸날 | 2024년 1월 8일 |
| 초판 4쇄 펴낸날 | 2024년 10월 25일 |
| 지은이 | 임창환 |
| 펴낸이 | 한성봉 |
| 편집 | 최창문·이종석·오시경·권지연·이동현·김선형 |
| 콘텐츠제작 | 안상준 |
| 디자인 | 최세정 |
| 마케팅 | 박신용·오주형·박민지·이예지 |
| 경영지원 | 국지연·송인경 |
| 펴낸곳 | 도서출판 동아시아 |
| 등록 | 1998년 3월 5일 제1998-000243호 |
| 주소 | 서울시 중구 필동로8길 73 [예장동 1-42] 동아시아빌딩 |
| 페이스북 | www.facebook.com/dongasiabooks |
| 전자우편 | dongasiabook@naver.com |
| 블로그 | blog.naver.com/dongasiabook |
| 인스타그램 | www.instargram.com/dongasiabook |
| 전화 | 02) 757-9724, 5 |
| 팩스 | 02) 757-9726 |

ISBN        978-89-6262-593-6  03400

**만든 사람들**

| | |
|---|---|
| 책임편집 | 이종석 |
| 디자인 | 핑구르르 |
| 크로스교열 | 안상준 |

이 책은 해동과학문화재단의 지원을 받아 NAEK 한국공학한림원과 도서출판 동아시아가 발간합니다.
본 도서의 일부 내용은 네이버 프리미엄콘텐츠에 연재된 것입니다.